有梦就练一万次

朱学恒 著

译林出版社

图书在版编目(CIP)数据

有梦就练一万次 / 朱学恒著. — 南京：译林出版社, 2013.1 （2013.3 重印）
ISBN 978-7-5447-3601-5

Ⅰ. ①有… Ⅱ. ①朱… Ⅲ. ①成功心理-通俗读物 Ⅳ. ①B848.4-49

中国版本图书馆 CIP 数据核字（2012）第311706号

书　　名　有梦就练一万次
作　　者　朱学恒
责任编辑　陈　叶
出版发行　凤凰出版传媒股份有限公司
　　　　　译林出版社
出版社地址　南京市湖南路 1 号 A 楼，邮编：210009
电子邮箱　yilin@yilin.com
出版社网址　http://www.yilin.com
经　　销　凤凰出版传媒股份有限公司
印　　刷　南京爱德印刷有限公司
开　　本　889 毫米×635 毫米　1/16
印　　张　16
插　　页　2
版　　次　2013 年 1 月第 1 版　2013 年 3 月第 2 次印刷
书　　号　ISBN 978-7-5447-3601-5
定　　价　28.00 元
　　　　　译林版图书若有印装错误可向出版社调换
　　　　　（电话：02583658316）

梦想 自序

这个时代，是乱世。在乱世中，许多人连过幸福的生活都是奢求。因为比他们单一个体有力得多的财团政客和富豪，会尽一切可能，从他们身上剥夺财产、榨取资源。

而物价油价电价薪水升迁，这些攸关你幸福的事物，全都由不得你。你既没办法当家作主，也没办法改朝换代。

但不管在什么样的时代，不管在什么样的环境中，只有一件事物例外。

它是你终极的圣殿，除非你自己放弃，否则没有任何人能够破坏它。

它是梦想。

只有你自己能够决定，只有你自己能够实践你的梦想。

我其实很不喜欢介入他人的人生，因为我

觉得没有任何人有资格对别人的人生指指点点，因为那是你的人生，那是你的决定。

但在这本书中，我的工作其实并不是对来信者的人生指指点点，而是在这个社会中，梦想实在太孤单，实在太宝贵，在追求梦想中所遭遇到的排挤、打压和痛苦实在太严重，如果我们不团结在一起，能够度过这一切难关的人将会少之又少。

没有人希望看见我们所居住的地方变成一个消灭梦想、打压梦想的领域。

但要跟社会主流价值对抗，要跟那些认为梦想一文不值的既得利益者们对抗，永远都不容易，甚至直到最后都可能不会成功；的确，我们的努力和尝试可能毫无意义，我们的梦想也终有一天可能会被人践踏在脚底；但至少不会是今天，至少我们不会在现在放弃。

因为，当我在台湾的学校巡回演讲，听到每一个稚嫩的声音说出他们的梦想时，我都觉得我们这个世代对他们有所亏欠。那不是金钱上的亏欠，因为再多的钱也无法弥补我们无法给他们机会去自由追梦的无奈；那也不是人生上的亏欠，因为这些年轻人我可能这辈子再也不会见到。

那种亏欠是因为“对不起，我没有把更好的世界交给你”，“对不起，但我希望你们能够把世界变得更好，让我的下一代和你们的下一代，活在更好的环境里”。

我们能做的事情真的很有限，但至少我们可以把对未来的信念传递给这些年轻人。写书、演讲、专栏，都是我们尽了一切努力所能够做的事情。

书里面那些追求梦想的人们，不是要成为各位的典范，也不是要让各位去模仿，而是希望各位可以知道，为了追求梦想可以做到什么程度，为了梦想可以努力到什么程度，但绝对不是要让你们成为跟他们一样的复制人。因为他们每个人都期待看到跟他们截然不同，但却可以与他们分庭抗礼的新世代，因为这样才是我们的骄傲，这样才是一个更好的世界啊！

旧世代的人们不就是应该以教导出足以打败我们的新世代之子而觉得骄傲吗？

我的两个儿子，和所有那些拥有梦想的年轻人，甚至是年长的人们啊！我很期待看到你们提出缤纷灿烂、多彩多姿的梦想，并且获得所有社会支持的那一天到来啊！

但在那一天到来之前，我还是会在这里不停地告诉你们：

梦想很好，梦想很棒，没有问题，我相信你们可以，我相信你们做得到！！！

P.S.

我的 Email:lucifer.chu@gmail.com，大家有任何问题欢迎写信给我。

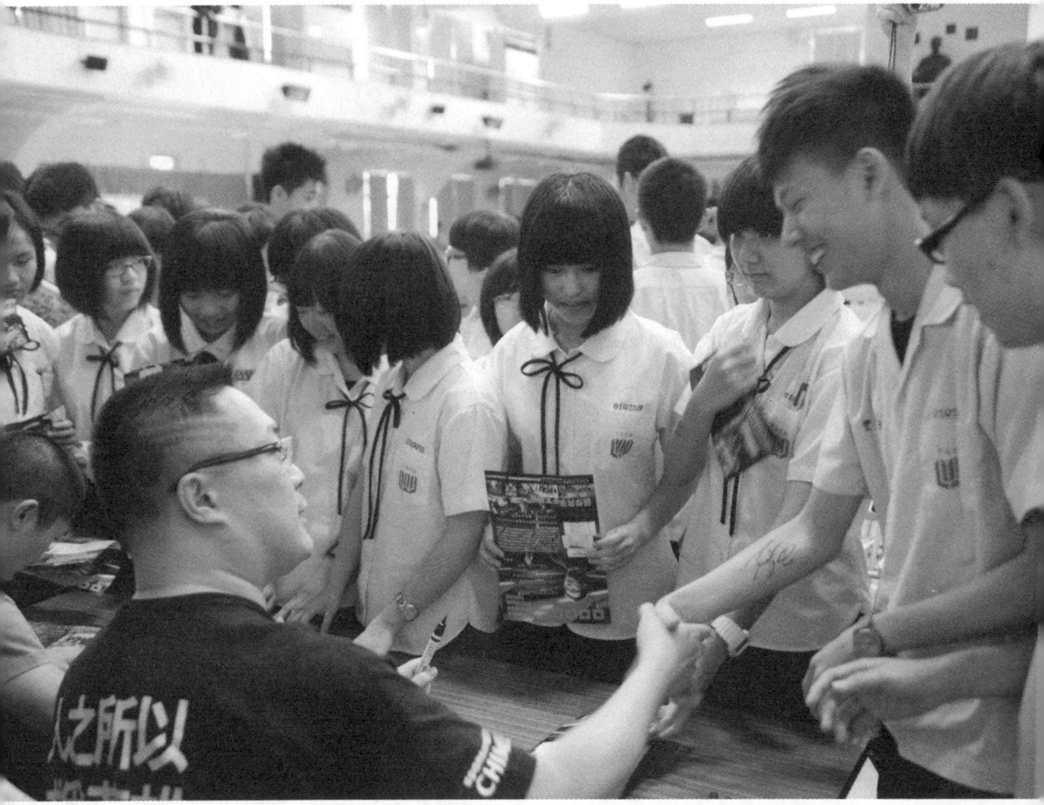
人之所以

CONTENTS

目录

前言 给十五岁自己的一封信

亲爱的朱学恒：

当你看到这信件的开头时，千万不要觉得太肉麻。因为写信的我比任何人都有资格说爱你，因为我就是你自己。

这是三十六岁的我，利用一个专栏的最后一篇文章，写给十五岁的你的一封信。为了避免影响你的人生乐趣，我就先不要告诉你未来会遭遇到多少精彩的事情吧，我只能跟你保证，你一定会遇到很爱你的人，而且你会成为一个真正的男子汉和每天晚上睡不太好的爸爸！

另外，请你要记住一件事情，在很久很久以后的未来，你会听到一首歌，那是日本的一名歌手 Angela Aki 所唱的，《给十五岁自己的一封信》。这首歌的内容，让我忍不住想到了你。

十五岁的你，刚上高中，人生的冒险对你来说才刚开始，你真的觉得很迷惘、很困惑；你真心希望有一个大人，能够在你寻找人生方向的这个时候，亲切地告诉你人生是什么，梦想要如何追寻，热情要如何奋战努力才能获得。最重要的是，你希望能够遇到一个体贴、真诚，不顾一切代价相信你的大人，他能够全心全意地告诉你："没有问题，你一定做得到！我们相信你！"

但是，我要告诉你一个坏消息。直到你真正长大，你都没有机会遇到这样的大人。

自己到底是谁
该往哪个方向走
只要不停地追寻
终能找到答案
波澜万丈的青春之海
虽然很艰难
但请将梦想之舟划向明天的岸边

但我也有一个好消息要告诉你，十五年后，你会拿出自己的积蓄和辛苦募集来的款项，用一辆三吨半的卡车，载着四百英寸的屏幕、一万两千流明[①]的投影机、一万瓦的喇叭和一群工作人员，开始走遍全台湾，试着去愿意邀请你的学校演讲，试着告诉那些跟十五岁的你一样迷惘，一样不知所措，眨着眼睛坐在台下的少年少女们：**人生是什么，梦想要如何追寻，热情要如何奋战努力才能获得。**

还有，你会一直念着当年希望能够有大人告诉你的两句简单的话：**"没有问题，你一定做得到！我们相信你！"**

① 流明，光通量的单位，指一烛光在一个立体角上产生的总发射光通量。

人生的一切
都有意义
所以别害怕
去孕育你的梦想吧

因为，你花了十五年的时间，终于明白，与其等待那样的大人出现，不如自己跌跌撞撞，挥汗努力，设法成为这样的大人。

然后，在你三十岁到三十六岁之间的六年间，你会在全台湾到处乱跑，讲了超过四百场演讲，听众超过四十万人。你不知道这样散尽千金的傻事是否值得，你甚至只能暗暗祈祷这样的拼命能够改变一些人的人生，但你一时之间不会知道答案的。

十五岁的那个朱学恒，不要偷笑，你并没有猜到答案。不对，你没有成为一个伟大的人，从此过着幸福快乐的生活。

即使是成为大人的我
也有过受了伤
睡不着的夜晚
但我仍活在苦涩而又甜蜜的这一刻

你乾坤一掷，把人生赌在其上的巡回演讲并没有长长久久，即使你写的七本书里面，有好几本的版税都直接捐给你的基金会，你的钱和你募集来的款项，还是用完了。

在你三十六岁那年的一月十二号，你的巡回演讲结束了，因为你再也没有钱可以租设备，跟团队一起跑遍全台湾了。接下来你必须很拼命地去赚钱，希望能够有足够的钱让你那个每晚会爬起来要奶喝的朱小胖有裤子穿，有尿布可以换。

所以啊，十五岁的朱学恒，三十六岁的我，非常努力，但还是没有成功。我很拼命了，但我不确定自己是否已经成为你当年心心念念期待的那个善良又体贴的大人。

但我并没有放弃。我还在募款、赚钱，到处奔走。

我不知道自己能不能改变别人的人生，但我知道我已经改变了自己的人生。我不知道这个故事的结局，但也许有一天你会看到。

就让我们一起望向头上那片相同的天空，一起期待吧。

只要相信自己的声音
昂首阔步向前走就好
无论何时　面对悲伤
只会逃避是行不通的
请展露笑容
努力活在这一刻吧

哦，对了，我忘记告诉你，你未来会比现在胖四十公斤，跑起来会喘。要珍惜跑步时肚子不会晃动的每分每秒啊！啾咪！拜拜！

Part 1
燃烧吧，小宇宙！

“这道墙并不是为了阻挡我们，
是为了让我们展现自己有多想达成目标；
这道墙是为了阻止那些不够渴望的人，
为了阻挡那些不够热爱的人而存在的。”

——卡内基梅隆大学教授 Randy Pausch

Email 01

不被家人支持的梦想，有实践的价值吗？

FROM 酱油

朱大：

你好，我叫酱油，我是从噗浪（Plurk）开始知道何谓宅神，之后也跟着脸书（Facebook）兴起而到粉丝专页报到，其实认识朱大也不算是太久的时间，不过朱大特立独行、见解独特又很有趣，而且宅神T又超可爱、超有设计感的，就忍不住一直关注你发表的文章。

最近看到朱神回复了网络上一些在感情上迷途小羔羊的一些文章，觉得相当热燃精辟又暴烈，不愧是经过大风大浪的真男人。但是我和我同年龄的朋友们身边可能都开始出现了另一个阶段的苦恼，希望能由人生历练如此丰饶的朱大，替我们把当年渐失的梦想和热血给唤醒。

我和我的朋友们今年大约都二十三四岁，也就是说我们都是去年才刚从大学毕业，刚刚才踏出成为大人的第一小步。我不是要抱怨工作难找、前辈刁钻、工作量大、薪水少、肝一天比一天黑这种小事，而是我们找不到两全其美的工作。

我念彩妆科系，十六岁那年得过全台湾第三名，梦想是成为国际知名彩妆师，将羽翼光芒覆盖整个伦敦、巴黎、米兰。另外我在大学时期也选修了摄影学分，当前的目标是把自己和组员们的造型成果一起出一本造型书，约也签好了，只差我手上一些尚待修饰的样片完成就能出书。

可是问题就卡在这里不动了，我当初毕业后立即就找了很多彩妆相关行业的工作，老板们看过我的作品集简直是惊呼连连，甚至还有的想要我拷贝一份给他（我才不给嘞），当然也不外乎有些会怀疑这些作品集搞不好是我偷来的，但尽管是真的，他们还是坚持不能一下就录用我为造型师，没有人会聘一个大学刚毕业的菜鸟来做设计师。不过OK，我没问题，从小助理做起也可以偷偷多学到很多职场经验，这我很乐意，但是薪水真的少得可怜啊!!!

一个月只有六到八千新台币的收入，每日工作时数超过十二小时，还不定时需要加班，一个礼拜公休一天。有些公司还要签约，有的一年两个月，有的或许两年！但是他们又不保证多久让你成为设计师。

家人听到当然拼老命反对，他们劝我无论如何至少要养得活自己，或许台中的渠道不多，如果到台北去，搞不好有很多机会可以试试看，但是在那之前要先存钱，不管是想留在台中或去台北发展，至少要有一笔积蓄，所以我就找了个跟本科毫无关系的正职店员做，但薪资还可以。

差不多做了半年，跟老板的关系也非常好，工作稳定，学习得也快，薪水也愈来愈漂亮，老板娘还想留我下来做一辈子。当时的我也开始有种“梦想好麻烦”的念头。

就这样下去等老板娘开了分店，我就可以带带新人，过去做店长，然后生活平平淡淡的就好。也因为工作关系，我推辞掉亲自为新书撰稿的工作机会，也推辞掉母校找我回去给学弟学妹拍摄专刊的荣耀。

可是有一天，我醒了过来，吓得满身都是汗。

这不是我要的日子，这份工作随便一个初中毕业肯吃苦的人来做就行了，那我的梦想呢？我的彩妆用具呢？我的单反相机呢？就一直摆着再也没动过它们了！

后来我不顾家人反对，毅然决然地辞掉了工作，整整堕落了三个月，在这期间，家人们一个个放弃我了，我也变得容易焦虑恐慌，只好偷偷跑去心理治疗，对家人再也无法敞开心胸畅谈心事，或是描述未来的规划，在这三个月里，我也把那半年里存下的微薄积蓄吃喝掉大部分。

刚好在我最低谷的时候，编辑部打电话来，他说当初因为一些沟通上的误会，书的内容还没有搞定，他们问我要不要接下撰稿的工作，当下我真的感动得几乎是热泪盈眶，好像过去几个月我曾经错过的机会和浪费的时光，可以重来一次，这次，真的要拼了。

我现在几乎天天都关在电脑前写书、修照片，不过家人还是不了解我在干嘛，我不知道如何开始解释，人家说“家人没有隔夜仇”，但我担心这次的隔阂有点难复原了。

另外在此同时，我接到闺中密友的电话，她说她也是因为工作不顺利，跟家里吵得不可开交，好像父母们都急着要把我们踢出门去赚钱，可是我们却只会频频使他们失望。

我朋友说，这个家她不能待了，打算过一个月钱存够了就搬去高雄住，在那边找份工作，她问我要不要一起去，就像当年我们都在高雄读书时一起租个小套间那样。我一听心花就朵朵开了。高雄是我最留恋的城市，而家人也不断地暗示要我自己搬出去住（他们会说：让她自己付水电房租，就知道辛苦，知道要好好赚钱了），我答应朋友我会仔细考虑。

但是这样真的好吗？两个被家里遗弃的失败者，逃出来自己组成一个小天地，我们当然也知道，住在外面除了房租水电煤气网络，还有更多琐琐碎碎的费用，不是憨人所想的那么简单，但是这样真的就够了吗？凭着想要实践不被家人支持的梦想的动力，真的可以这么做吗？

如果你秉持着超乎常人的耐心看到了这里，真的谢谢你。虽然我翻山越岭地到处搜寻您的信箱（希望没有搜错人……），但若能得到朱大的回信，就太感谢天感谢地感谢朱大侠了！

朱学恒回信

其实，我想有不少人都跟你一样，在追求梦想的路上有忽然之间醒过来，吓得满身都是汗的那一瞬间。

所以，我要送你一首歌。

这是当年为了阿宅反抗军电台节目要推出 APP 所做的歌。但是 APP 拖了都快一年了到现在还没做出来，应该就快了吧！（唉。抬头看天）后来，我们就拿来当作节目精华篇的背景音乐了。（默）

大冒险

词曲：郑佑祥 编曲：陈稔之 演唱：郑佑祥

我的梦想是什么？

我是认真地在为自己的梦想而努力？

或是　我是认真地活在别人的世界里？

人生　有太多的进退两难

有太多的不得已

我们　总是没有勇气当个爱冒险的傻瓜

直到有一天　我们什么也不能做了

才发现
当初那个没勇气冒险的自己
才是真正的傻瓜

我想重新开始　开始新的人生
就算　看起来像个笨得可以的傻瓜
我也不想要留下遗憾

诚实面对自己　往对的方向去
我要　大　冒　险

我不停努力往前追　前方没有终点
习惯遥远　习惯笑和泪水
我不信什么是永远　永远只是瞬间
下个世界　下个瞬间　实现

看过多少现实的双眼
听过多少忠告在耳边
说过多少借口挂嘴边
想过多少后果在心里面

如果害怕去面对未知的世界
那永远是个胆小鬼
如果不想一生只为过去后悔
我的梦　会在下个路口
指引我方向往前追

如果冒险　是能够预知的情节
那未免也太不新鲜
如果冒险　是一种疯狂的行为
我知道我的疯狂能看到更高更远的蓝天

我不停努力往前追　前方没有终点
习惯遥远 习惯笑和泪水
我不信什么是永远 永远只是瞬间
下个世界 下个瞬间 实现

或许有一天，头发都白了，没有力气再追了，
那时候，我应该会深深地感谢这时候的自己吧。

我当然知道人生有许多的不得已，但是我总是会尽量避免说这三个字。

因为我认为，如果你开始说“不得已”，就代表你对人生认输了。

如果你在这里退让，慢慢慢慢地，你就会习惯在其他地方退让。

而如果我们总是在不停地退让，总有一天，我们会忘记自己当初真正想要成为什么样的人。

坦白说吧，如果你想要登上国际舞台，那就应该把自己放在有机会站在世界顶点的地方。

台湾这个地方十分奇妙的是，大家都很爱叫“台湾之光”，但通常这些人都必须到台湾以外的地方才能发光。然后大家才来沾他们的光。

吴宝春①、Jason Wu②、古又文③，哪一个不是这样？

所以，如果你对自己有国际级的信心，你不仅不能够放弃，还要随时把自己放到国际级的比赛和舞台上！

不管要花多少代价，你得要从让全世界看见你开始。

去参加所有你知道，甚至你还不知道的彩妆、造型比赛！

去把握每一次的机会，让全世界看见你啊！

你不站出去主动出击，别人是没有义务要挖掘你和支持你的！

我不是你，所以我没有办法给你百分之百贴切的建议。

但我一直记得我曾经听过的一句话：“愿意为了更远大的目标，而忍受一

① 台湾知名面包师，曾获首届世界杯面包大师赛欧式面包组冠军。

② 著名纽约华裔设计师，生于台湾。美国第一夫人米歇尔·奥巴马穿着他设计的礼服裙在总统就职典礼上跳舞，成为全球轰动的时尚事件。

③ 台湾新锐服装设计师，服装设计风格以雕塑般的外观著称。

时的寂寞跟无趣，跟永远自甘平凡是完全不一样的。”

为了累积能量或是资本而做跟梦想不是直接相关的事务，并不是罪大恶极。

真正恐怖的是，你把暂时忍受的那一切，麻痹成自己的终生愿望了。

你自己该决定要搬到哪里去住或是跟谁住在一起。

但我给你的建议只是，**哪里最有机会，即使那里是刀山剑海，你就该往哪里去。**

你不该把“哪里最舒服”当作是决定下一个去处最重要的考虑啊！

如果要舒服，你就甘于平凡做轻松的工作就好啦！干嘛还要这么辛苦地走这一遭?！

现在的你，谁都不欠，你只欠十六岁的你一个交代！

那个雄心勃勃想要征服米兰东京巴黎的少年，到哪里去了?

他是真的使尽全力奋战倒下的吗?

还是他只是慢慢慢慢被社会和周围的人说服自己并不是主角，只是一个小小的海贼船员?

不对啊！是不是主角这件事情永远只有你能决定啊！

跟白胡子一起出道的其他海贼并不是弱者，他们销声匿迹的原因，是因为他们败给了自己！

是因为他们退却了，所以他们输给了自己的人生！

但白胡子一直到人生的最后一战的最后一刻，他也没有退却啊！

不要再跟我讲有什么人生的不得已了！谁都可以讲万不得已，但请你想想看，你有没有脸站在十六岁的那个自己面前说不得已，说我变成了你当年以为绝对不可能会成为的那些腐败的大人！

你本来就该对家人证明，你的梦想是足以在日常生活的柴米油盐中生存下来的！

你本来就该证明，为了这个梦想你愿意付出一切，只为了能够暂时糊口，换取梦想的喘息时间！

你本来就该证明，自己因为如此热爱，所以愿意付出一切的代价去捍卫你的梦想！

如果你找不到两全其美的工作，就找一个能够糊口的工作，把赚来的钱都用来练习！

甚至你要兼两个工拼命存钱以便出国比赛，用假日来不眠不休地练习也可以！

这是你的梦想，是只有你有资格放弃，只有你有资格摧毁，只有你有资格捍卫的宝物！

这世界从来就没告诉过你，因为你有梦想，所以整个社会都要支持你啊！

这个社会的真相是，正因为你有梦想，所以有更多没有梦想的人想要摧残、嘲笑、打压你的梦想！

你如果现在下场，比赛就输定了！

Lucifer

P.S.

我帮你在台北打听过了，化妆助理的工作一个月收入也是22K左右，绝对没有足以让你吃饱穿暖喝足的水平。

但如果你能够在台北找到工作，我们搞不好可以找到地方让你住下（破破烂烂原先是仓库的吧！哈哈！）

不入修罗场，焉得金刚身。

但去或不去，都是你的选择，外人没有办法帮你的。

愿你战至最后一兵一卒也不放弃。

愿你有一天能够带着笑容回顾你的顶上决战。

酱油回信

我最近的生活打开电脑就是坐一整天，修一整天的图，直到吃了安眠药才躺上床睡觉。这几天加上了每一个小时开一次邮箱检查邮件夹，刚好就今天修图修得太专注，忘了这回事。

正当我把修好的样片传上 FB 跟组员私下分享的相簿时，看到同为朱大粉丝的朋友贴在我涂鸦墙上的文章，才赫然发现你的回信。

怎么说，有种好像深刻体验到什么叫作泪流成河的感觉，当下情绪激动到泪水不自觉地就一直滴一直滴。

你分享的影片，那首歌的震撼力实在太强了，我一辈子都不会忘掉现在这份感受。

谢谢你，朱学恒朱大大（忍不住还是要叫朱大才顺口）。

虽然我现在还是激动到有点难以理性思考你回信的细节，不过关于未来无论是要去台北高雄还是留在台中，我相信都不是太重要了。

哪里是刀山剑海，我就往哪里去。

顺道提一下，你文章中写道："那个雄心勃勃想要征服米兰东京巴黎的少年，到哪里去了？"

我想辩驳一下，我还是青春美丽貌美如花的少女，跟少年一点关系都没有。♥

Email 02

我不想放弃，但现实却要我屈服……

FROM **阿笨**

朱大你好！我是来自彰商三年级资处科的阿笨，七十天前我做了到目前为止我的人生中最重大的一个决定——“转类组”，我从商管群转到餐旅群，当初很多老师们反对，怕我读不完，统测会考不好。

但是七十几天过去了，我拼到916/15466，虽然成绩评估只到澎科大，但我相信在这最后的三十四天里，把剩下的还没读完的念完之后，我可以拼到高餐，我相信我自己。

看完你的一些文章及影片，你说人**之所以成为英雄是因为选择**，所以我选择了这条全新的道路，但是现实却站了出来试图阻挠我。

高雄餐旅大学的学费不便宜，相信朱大也知道，在我初二那年我妈出了车祸，最严重的伤势是右头盖骨破裂，为了医治妈妈，我们花光了家里所有的积蓄，经济支柱也倒了。今年五十二岁的爸爸是版模工人，一个月没多少工作机会，姐姐也因为家境关系从朝阳夜间部休学去上班，姐姐当初也是彰商的呢！只是在家庭与课业的双重压力下，她选择转到员家夜校，早上去打工。

而我在这高中三年，最大的经济来源是自己争取的奖学金，家里的状况拮据，不可能有办法让我读高餐，更何况是最昂贵的西餐厨艺系，学贷完之后还要自付四五万的费用！每次一想到这个问题，我的冲劲都会被削弱，一点一滴的，有时候会想放弃，但是我真的好想、好想、好想读西餐厨艺系，我真的不知道该怎么办才好……

有时候真的很怨恨，为什么老天爷要让我在这种环境中成长，但是又很感谢老天爷让我经历过这一切，让我学到很多，让我有不同于一般人的毅力与个性。

或许朱大会觉得："根本还没考上呀！担心这么多干什么？"但是这块石头一直压在我的胸口，不只让我心烦，也让我心寒，该不会到最后，我只能选择餐饮管理，又回到了管理类的原点，我不想放弃，但是现实却好像非要我屈服。

朱大你能告诉我该怎么办吗？我真的好想读厨艺系啊！So sad……

朱学恒回信

阿笨，你真是一个很辛苦又很认真的年轻人。

我要说的是，其实你不用担心了，你已经找到你的人生方向了。

你现在担心的只是你愿不愿意付出那么大的代价去追求你的人生方向。

别让这代价影响了你的决心，如果你真心想要，如果你真的这么想上你心目中这么顶尖、这么梦想的科系，你就要相信自己能够扛起这一切的代价。

你过去已经这么勇敢地面对了这一切，你一定可以同样勇敢，同样兼顾家里的责任和自己的梦想，再度扛起这一切。

你已经比我当年跟你一样年轻时坚强，也比现在大多数跟你一样年纪的人要坚强。那么辛苦的磨练和挑战你都已经度过了，我怎么可能有资格拯救你？

要相信在过去那么艰苦的时日中，你所培养出来的耐力和信念。

要相信在这么巨大的人生洪流中，依旧没有放弃，依旧坚强地活下来，依旧毅然决然地决定追求梦想的你自己。

要，相，信，你！自！己！

送你一句我在看奇幻小说时看到的短短的描述：

HEROES AREN'T BORN,

THEY'RE BUILT.

英雄并非一生下来即是如此，他们是被锻造出来的。

换成中文更简单：**将相本无种**。

我们这些局外人没有办法介入你的人生，只能告诉你千万不要放弃这个看到自己能力极限的机会。

你将来还可以再挑战更困难的未来，挑战更让人佩服的冠冕，这只是你人生冒险的第一步而已。

加油啊！你并不孤独啊！

少年啊！要胸怀大志啊！

Lucifer

P.S.

接下来要回信的这位小眼睛的李先生，他也是高餐的毕业校友，而且也跟你一样，是最后决定转组的学生。在那之前，他也没有上过任何关于餐饮的课程，而且他当初想要考的也是西餐厨艺系！

最重要最重要的，他是个笨蛋啊哈哈哈哈！

李眯回信

Hi,阿笨,

你好！我叫李眯,从朱大那里得知了你的状况,希望能够给你打打气。如果你考试顺利的话,那么我将会是你的学长,不过我已经毕业了啦。

我想要先问你一个问题:为什么你想要读西厨系呢?

就让我先说个真人真事给你听吧。

2006年时,我是彰师大附工综合高中自然组[①]的高三学生,但是我根本就不是读自然组的料,我是个理科白痴。只是高二时要分组,不想要和同学拆散,所以就选了自然组,哈哈哈(结局就是每个学期都会挂五六科)……

在老师眼中,我就像个笨蛋一样,不仅功课差,上课又超爱跟同学聊天,只会在老师说话时放炮逗大家笑,所以我的座位永远都是第一排。

那段时间,每天都过着浑浑噩噩的日子,每天都是大大小小的考试,也不知道到底有什么意义。其实我也一直很想要用行动证明些什么给大家看,证明我不是个笨蛋。

物理考卷上面写的中文字我都看得懂,可是它们组合起来我就是不了解它们的意思。所以每次考试后的结论就是:“嗯,你是一个笨蛋。”

① 就是理工组啦!

我可以说对人生完全迷失了方向。因为不仅老师们放弃了我，我的家人也对我心灰意冷。我就像是招了一辆出租车，当司机问我要去哪里时，我却连自己也不知道我要去哪里……

一直到我在翻各大专院校科系名册，寻找想要报考的校系时，我看见了高餐西餐厨艺系。我当时心想："哇！居然有这么有趣的科系！"于是开始上网去找相关的资料。

其实我从小就很喜欢烹饪，因为看到从无到有地做出一道成品的过程很有成就感，看到别人吃你做的成品，大力称赞，那更是有种说不出来的开心呀！但之前从没有想过把它当职业。

我看到学校里的课程犹如《哈利·波特》里的霍格沃茨一样有趣时，我想，我找到了一个我想要勇往直前的方向！

我把这个想法告诉我的老师亲友们，我想在那个当下，只有我自己觉得我可以做到。

餐旅类的专业科目一和二，别人读了三年了，而我根本不知道要考什么。而且又没有去补习（没有钱），所以那时候，大家都觉得我简直是痴人说梦话。但好不容易找到了值得努力的目标，我不想轻易地放弃。

我赶紧联络那时读溪湖高中餐饮学程的初中同学，向她请教我该如何着手准备。没想到她一派轻松地跟我说："哎呀，你只要去买XX的三本参考书来看就好了。"

我说："只要买那三本就好了?!"

感觉她就是一副边挖鼻孔边回答我的态度，她说："对啦对啦，多买也没有用啦～相信我。"所以我就听了她的话，去买了三本参考书回家自己读。

当我开始认真准备统测的时候，是在过年后，因为在那之前我都在准备学测，那时候距离统测大约一百天，而我也把统测当作我的最后一战了，因为如果想要考上高餐，也只能拼统测了，七月的指考我就不打算准备了。

起初，真的不知道该怎么下手。因为我根本就没有基础，也不知道什么是重点，所以我的笔记本的重点整理，都是自己觉得是重点的重点。我根本就不知道会不会考，哈哈哈哈哈哈哈哈……

但或许是因为自己认定了这个目标，所以不管做什么都特别有干劲。由于老师也都放弃我了，他们觉得如果我有个目标安分不作怪也好，于是他们允许我在上物理、化学课时，可以拿出我自己的餐饮参考书来看。

那三本参考书的内容，让我越看越觉得有趣，就像在看小说一样精彩。怎么会有参考书是介绍西餐总共有哪些酱汁、灶君的故事、西餐之父是谁、调酒的组成啊！！

这些都是餐饮科同学平时上课的内容啊！！跟我的物理化学会不会差太多了！所以我常笔记做到一半，暗自咯咯笑了起来，这实在太有趣啦！！！

从那时开始，我每天第八节课一放学，就拎着书包爬墙到隔壁的彰师大图书馆占位子，然后再翻墙回宿舍。我偷藏了一只跨年晚会摸奖摸到的电饭锅在宿舍（那是违禁品），蒸我中午从营养午餐剩下的饭菜集合成的便当（一方面省钱，一方面我不忍心看那些食物被倒掉）。然后去跑五圈操场，洗好澡，回寝室，饭刚好热了，吃完就赶紧去图书馆念书念到十点再回宿舍。

在那些日子里，我每天都过这样的生活。尤其是跑操场，不管天气如何，我每天一定会去跑五圈操场，就算下雨我也会跑，而且我们学校的操场是红土跑道，所以下雨就会变成烂泥巴，但我还是不停地跑，不停地跑，大家都觉得我疯了。

其实我是把五圈操场当成假想敌，就是要考的五个科目，每当我跑完一圈，我就会在心中告诉自己，我击败它了！

所以只要一天不跑，我就会觉得我还没击败它，这样会考不上高餐，我坚持这样的蠢想法一直到考试完，没有一天间断。

由于人类的惰性是非常恐怖的，一定要不时提醒，不然就会开始懈怠。所以我在寝室书桌的墙上，贴了大字报，时时提醒自己。

我还把写有"高雄餐旅"的纸，贴在书桌前、衣柜门上，还有我床铺上方的木板上，当我一睁开眼，就会看见"高雄餐旅"提醒着我；当我突然放空，想着《海贼王》和《死神》单行本最新一集又出了，墙上的大字会提醒着我：赶紧回神，多读两回！

最后的结果，我如愿地考上了我的第一志愿西餐厨艺系。

这大概是我这辈子到目前为止觉得最爽快的一件事吧！

大家都觉得我不可能，曾经，我也觉得我好幸运啊！但事后想想，**不，我不是幸运，我真的很努力很努力地去拼过。**

因为我不知道自己做的重点到底有没有用，但我还是得做；我不知道到底哪些东西会考，所以我彻彻底底地把那三本参考书钻研了十遍以上。不知道什么是重点，那就把全部都记起来就好了。

如今的我，毕业快两年了，我很感谢当年那个有股傻劲的我。

因为他，我进入了霍格沃茨般的上课生活。

因为他，我认识了与我一同经历了大大小小宴会的同学们。

因为他，我的人生进入了一个新的领域。

我敢说，大学四年是我求学最精彩的时光。我开始真正感受到世界好大好大，还有好多值得我学习的东西。

一切都是由我进入了西厨系开始。

说了这么长一段，还记得我一开始问的问题吗？

为什么你想读西厨系呢？

我想要跟你说的是，若你能马上回答这个问题，那请你记住这个初衷。

因为当你选择进入这个领域，你会遇到的，只是更多让你心灰意冷的打击。我希望你能好好保护那个将面临无情摧残的火苗，持续燃烧，不然就赶快转换跑道。我不是想要吓唬你，而是看过很多的例子。

你说你很想读厨艺系，但碍于现实，让你不知该如何是好。其实这问题不是一个问题，不是想不想，而是你要不要。如果你真的非要不可，你一定会用尽所有办法努力去达成。我想连我一个被当作笨蛋的人都做到了,你一定会比我厉害的!

至于学费部分,高餐西厨系的学费的确是全校最贵的(因为食材都要进口啊!)

不过还没到你说的学贷完要自付四五万这么夸张啦!大概一万以内吧。但是最贵的是在一年级进学校要买刀具、买制服,那学期最贵了。

但这些都是可以想办法的,像强者我同学就没有买制服,她的制服是跟以前的学长学姐要的,省下不少。至于刀具部分,若向老师们说明,我相信他们会很乐意帮忙的!

学校每学期也都有很多奖学金可以申请,我相信你是一个很努力的孩子,你一定可以申请到不少奖学金。

希望你不要在还没用尽全力背水一战前就放弃了!加油啊!!

李眯

阿笨回信

我是阿笨：）

我要先说明一下，我是女生 XD

李眯学长，我和你一样，会计我想破头就是不会写，读几次就是不会算，但是餐旅类的课本我看得津津有味，脑子里全是画面，真的就像你说的一样，好像在看热血沸腾的金庸武侠！

当我看到你的问题时，我脑海里马上又浮起了那个梦想——

我要学会做很多好吃的料理，如果可以的话，烘焙也想学，然后在彰商附近开一间餐厅，不只提供餐点，也提供饮料、座位，让身心疲惫的学生有个可以放松、念书的地方！

这是我与班上同学一同打造的梦想，我想实现它！很想很想！

谢谢朱大，谢谢李眯学长，谢谢鼓励我的所有所有人，我知道人生最笨的事莫过于后悔，我会努力去尝试，就算最后可能不会成功，但我至少尽力了！

三十天后即将上战场，希望发榜当天我可以再回来这里与大家分享喜讯：）

加油！

Email 03

要怎么找到自己的热情呢?

FROM 家倩

学长好:

那天听完朱学长的演讲感触很深。

可能是我到现在还没找到自己想做的事情,也有可能是自己做事不够认真,对自己喜爱的事情虽有兴趣,但一直都无法持之以恒。

听到朱学长提到为了赚钱打电动,接了许多翻译的工作回家。这件事大大激励了我,对于自己有兴趣的事情,能用尽方法只为了达成自己想做的事情,真希望自己也能拥有这样的热情。

想要请教朱学长,是什么样的原因,促使学长能这么热情、热爱自己所做的事情?

对于即将进入职场社会的我,朱学长认为我要抱持着什么样的心态,以什么样的态度,来寻找未来属于我的那条路呢?

朱学恒回信

在台湾的年轻人其实很辛苦。因为我们判断一切能力和社会地位的方式，几乎都是综合型的考试。

物理化学语文英文地理历史，这些科目统统加在一起之后，才来判断你的总体分数如何，然后用这个总体分数来判断你到底是不是好学生，应该上什么学校。

这导致了什么结果？这导致每个人都以为自己应该十项全能（至少是课业上的），所以即使不擅长的东西也拼了死命把它读好，但问题是因为时间有限，所以连擅长的东西都无法将其百般淬炼，成为顶尖之才。

于是我们得到了一个平均起来还不错的表现，照着这个表现选择了一个分数刚好可以上的科系，然后依照这个科系的训练挑选了一个应该适合你的工作。然后浑浑噩噩地这辈子就这么过去了。

家倩，你是一个很幸运的人。人生中没有颠簸，可以顺顺利利地过下去，是一件愉快的事，我也希望你可以平平安安地一路这样度过。但，很遗憾的是，梦想是没有两全其美的。

没有牺牲、没有战斗、没有对抗、没有迫不得已的抉择，是没办法找到梦想的。

我所追求的打电动的梦想，当年只有两种选择：拼命赚钱，买自己想玩的电动；和什么都没有。

我的建议很简单，试试看吧，在你所有这些喜欢的事物当中，有没有任何一件是你愿意为之牺牲的？就算资源不足，就算没有预算，就算四面楚歌，就算八面埋伏，你也愿意捍卫的这个事物，那多半就是你的梦想了。

找找看吧，最美丽的梦想，往往是在最险恶的环境中找到的啊！

Lucifer

新光三越
GEEK OTAKU
BE PROUD OF YOURSELF!

Email 04

有什么事是大学生一定要试试看的呢?

FROM **纯雅**

以前总是听学长学姐或是爸妈或是老师说他们大学时代的时候做过哪些事、玩过什么、去过哪里，很多事情似乎是大学生心中觉得理当要去试试看的，像是社团、营队、系学会或学生会之类的。听到最多的就是必修的三学分：爱情、社团跟课业。

其实我也不知道我现在这样算不算跟进呢？但是我想，至少都算是沾上一点边了吧。虽然到期中之后才加入社团，但我现在在杂技社里也练起一点点自己的东西。对于课业，我一直都对自己要求很高，所以感觉跟以前差不多。爱情也是一样，毕竟在男多女少的“中央”大学，女生这个身份算蛮吃香的。其他我还参加了系学会活动部、当一个营队的员工，另外还当校园电台里的主持人。虽然时间开始有点不够分配，但是还是会有点好奇，大学就这些东西吗？有没有一些“私房”的活动是我不清楚的？

所以很想很想知道行事作风和想法都这么特别的朱学恒，大学时都做了些什么呢？是不是曾经尝试过其他一样很有趣，却很少有人想到的事情？而这些也许会成为以后的大学生心中觉得一定要试试看的事情？

朱学恒回信

哎，我其实骂过老师和校长呢。所以我不是很想让这个成为以后的大学生一定要试试看的事情啊。

好啦，我知道你要的不是这个答案。

我要说的是，你的体验已经很丰富了，除非你觉得时间很多花不完，否则其实做得已经很够了。

我当然鼓励大家在追逐梦想的过程中，尽可能地多去尝试，因为这样是好的，这样有助于你看到更多可能性。

但我要特别提醒的是，**千万不要因此而在学校生涯中就燃烧殆尽了。**

我见过好几位极其优秀的同学，他们在校内的时候可说是叱咤风云，你以为他们当上"总统"都有可能；像我这种烂货连站在他们旁边都没有资格。

但是，不知道怎么搞的，等到一出校园，他们忽然间就退缩了、瓦解了、不知所措了、隐姓埋名了，甚至最后变得默默无闻了。

我当然知道他们的实力，也知道不是实力就可以代表一切；但是这种普遍却又难以理解的现象在我注意到之后，依旧不断地发生。

到了最后，我只能勉强找出一个可能性：他们在学校期间耗尽所有力量，走到了人生的巅峰，但也因此就无法再继续提升了……

所以，你当然可以尽量尝试，但是千万不要在学生的时候就把自己燃烧殆尽了，**未来可是有更大的战场和更大的挑战在等着你咧！**

Lucifer

Email 05

要怎样才能更清楚未来的方向?

FROM 微微

我很想要请问朱大,到底要做些什么来让自己更清楚未来的方向?

朱大在演讲中要我们赶快思考自己的热情与梦想是什么,我就是从来没想过这问题,只是很平顺地念完高中,考上大学选择科系时,也因为对未来完全没有想法,所以选了一个大家都说比较好找工作的科系(会计系)。

现在大二了,我却开始怀疑自己是否真的喜欢这个科系,真的要一辈子在这个领域里吗?我想过转到文学院的科系去,但又很担心将来的出路问题,周围的亲友也劝我好好念完,不要胡思乱想。的确我自己也没什么自信,或许自己只是在逃避也说不定。

但现在读得有气无力,成绩也不怎么理想,想到就这样勉强地升上大三,就觉得很无力。但我还是不知道自己的志趣在哪里?这样子根本说服不了自己,更别说要说服父母了。

到底我是不是应该先想办法转到我比较不讨厌的科系?还是干脆休学重考?还是把目标放在考研究所,现在就先勉强念完?我真的对未来感到茫然,希望朱大能给我一些建议。

朱学恒回信

其实你该胡思乱想的。

胡思乱想的不是要不要继续读这个科系，而是**你到底真正喜欢什么？**

台湾的状况，不见得是你读了这个科系之后，就一辈子得要被锁在这个专业上面。幸好台湾还没有这么专制和严格。你如果不喜欢会计系，将来不一定要继续做会计的工作，研究所也可以考别的科系呀！

但真正的问题是，就算你转系了，就算你休学了，你还不是一样在做你“比较没有那么讨厌的事情”，这样跟原先比起来并没有好到哪里去啊！

所以重点一直是在于“你到底真正喜欢什么”这件事情上。如果你一直找不到这件事情的答案，你还是在一直逃避啊！你只是一直在找“其他逃避的可能性”，并没有在寻找真正的答案。

你该做的是，去寻找，去想，去各种领域，多尝试各种可能性。与其把心思放在你有多讨厌现在这个科系上，不如去想办法参加义工、环岛旅行、参加社团来找到自己真正的志向所在！

除非你现在已经痛恨自己所读的科系到了不退学会死的地步，否则一直思考退学是没有意义的。

你不如多想想有什么东西是让你如此愉快、如此向往，让你连这么痛苦的会计系都可以暂时忍受，那可能才是真正的答案。

Lucifer

Email 06

谢谢你愿意相信一个小屁孩的梦想

FROM **大毛**

朱老师（我想给个尊称），您好：

我是今天听了你的演讲，在下面哭成一团的其中一位。听了演讲后，我真的热血沸腾！回家后打开我尘封已久的信箱，想说一定要写封信感谢你。

也许你不记得我，但我会记得你一辈子（感觉怪怪的）。谢谢你愿意相信一个十八岁的小屁孩，相信她那些被嘲笑的梦想，让她能够再次拾起梦想的碎片，想起那些不自觉被遗忘掉或被妥协的梦想。

我目前就读崇光女中，大毛是我从小学到现在的绰号，其实就是个很普通的人。最特别之处只有在我的成绩单上，几乎每次都有几个字：想象力丰富。

好吧，这的确是事实。所以后来我产生个梦想，就是当个小说家。

当我年纪还小的时候，跟我母亲说这件事时，她只是问我："你以为那能吃饭？"我也没再跟她提过了。

上了初中后，我持续写作，偶尔拿给同学看也挺有趣的。高中时候，我才正式去投稿，不过打击很大。当时高中同学看到的时候，只是说："我以前也会写，但我觉得你在浪费时间，因为这根本是没用的东西。"

之后又出了一件事情，我花了一整个下午写的短篇没有得奖（连安慰奖都没一个），而且仅仅是校内比赛。加上我的外婆与祖母都相继去世（还有我那两只可怜的胖崽子），我便转移目标去念了自然组（大部分的人都忙着捡眼镜碎片，所以很少有人劝我）。

这个梦想就一直埋在我心里，没有再告诉过别人，也几乎忘记它的存在。直到听了朱老师的演讲之后，我才挖出这一直藏起来到忘记的梦想（还有藏起来的笔记本）。

短短的电子邮件真的很难表达我的感谢之意。我想，我唯一能做的，就是成为一个真正实现梦想的人，即使疯狂，即使被说不可能，我都会用尽自己的心力去达成。让你未来可以自豪地跟朱小胖说："你爸不枉费让你没裤子穿。"（不过我想我们还有些裙子……）

希望有一天你能看到我的小宇宙，希望有一天你能读到我的故事，希望有一天你能跟其他孩子说到我的故事，希望有一天希望成为现实。

期待有一天能再见面，而希望到时候我不再只是那个坐在下面哭到同学抱怨卫生纸不够的小鬼。

再次谢谢您，愿老耶和小卷头保佑你（尽管我老是惹到它们）。

朱学恒回信

大毛你好：

很荣幸可以帮上忙。

人生漫漫，我也不知道我借给你的勇气能够支撑到何时。

但是男子汉重义轻别离，此去一别不知何时。

但愿下次再见到你时，你是一个站在台上威风凛凛的大作家，而我是一个坐在台下战战兢兢等着向你募款的大叔。

希望你成长为一个值得尊敬的大人，更希望你把这样的信念传递下去。

Lucifer

我要世界在我眼下

过去几年我到处演讲，听众可能超过二十万人。虽然我很想要记住每一个听众，但我当然办不到。

还是让我告诉你其中一个听众的故事吧。

他叫徐笙竣，今年二十四岁，因为转学重考休学等等的原因，去年才毕业。

他十九岁那年被诊断出得了血癌，拿过病危通知单，住院十个月才捡回一条命。在那十个月中，他做了七次化疗，十五次骨髓穿刺，六次腰椎穿刺。

好不容易出院的他，第一天从家里的一楼走到三楼就花了十几分钟。为了要恢复体力，他开始慢慢地靠着骑单车复健。

看着他写的这段故事，我们可能很难理解的是，在你人生正要开始的时候，却被告知可能就要结束的那种冲击。

人生哪，也许就是这么难以预料。

当他还在病床上的时候，他下定决心，要身体健康地去看看这世界上的各种奇观美景，所以出院之后他比任何人都要努力复健，都要认真准备。

我曾经看过他一天来回阿朗一古道的纪录，但我当时并不知道一天来回两百公里的他，曾经差点死在病床上。

虽然他的家人不是完全赞成，虽然他为此放下了一段感情……

虽然几乎所有的人都跟他说：

“不可能。”

“没办法。”

"如果你就算粉身碎骨
还是愿意去做的话，
这件事搞不好就是件
值得一试的傻事。"

做不到。

但他还是在抗癌十个月终于出院的整整四年之后，在 2011 年 6 月 5 日飞往昆明，骑着单车从昆明到成都，再到西藏的拉萨，穿越古丝路，经过新疆，再到兰州。

虽然他在信中写道，“感谢朱学恒的一句话：‘**去做你想要做的事，就算粉身碎骨还是愿意去做的话，这件事情搞不好就是件值得一试的傻事。**’听完演讲之后，就决定一定要完成当初在医院种下的梦想：‘我要世界在我眼下。’”

但我要说的是，我的演讲并没有这么伟大，在那演讲的两小时中，我不能够种下你原先没有的梦想，也不可能让你背负原先不愿意背负的代价，当然更不可能让你变成全世界最厉害的人。

事实上，因为这句话是如此难以达成和难以理解，我在四百场的演讲中甚至极少提到这段话。

因为我知道大部分的人不明白，而剩下的人就算明白，也做不到。

喔，对了，这是他出发第十四天在香格里拉拍的照片。
等等，这人为什么可以在香格里拉跟正妹拍照！还勾手！

只有极少人愿意付出这样的代价。

大部分的人会在社会的洗脑，周围所有人的不支持之下，慢慢地自我驯化，慢慢地自我说服。

慢慢地，变成一个跟大多数排斥、嘲笑梦想的普通人一样的人。

但我知道，有些人不是这样的。

我的巡回演讲，现在因为没有经费而必须中断。但我从来没有后悔自掏腰包四处演讲，一年花掉几百万这件事情。甚至我还在努力赚钱募款，想要再来几次。

因为这是老子心甘情愿要做的事，就算再多人啰嗦也无法改变我的信念！

要是哪一天轮到我在边上啰嗦别人的梦想，那才是我人生真正的失败。

这是他的原文：

我们的人生，有太多种的可能，掌握能够掌握的，会宽心很多。

出院之后，就锁定“嘎嘎嘎”从北京到巴黎一万五千公里的单车日志，我好羡慕，告诉自己：“我也好想这样去体验世界哦。”那时候想到自己的状况，第一次流下泪来。

若在四年前，我告诉家人我想做这件事情，换来的一定是不可能，你不可能会成功，你不要浪费时间，这没有任何意义！

感谢朱学恒的一句话：“去做你想要做的事，就算粉身碎骨还是愿意去做的话，这件事情搞不好就是件值得一试的傻事。”

听完演讲之后，就决定一定要完成当初在医院种下的梦想——

“我要世界在我眼下。”

2007年6月5号从高雄长庚医院正式出院回家休养。

四年过后，2011年6月5号，我将搭乘中国东方航空，晚上八点半由桃园出发到昆明，展开我实现人生梦想的第一步，无论要付出多大代价，我将不惜一切，就算摔个粉身碎骨，真正去做过了，不成功我也不枉此生。

我的工作，只是让你在那两小时的时间中重新思考，在你的人生中，有没有任何让你愿意挺身而出对抗全世界的信念，有没有任何让你浴血奋战到最后一兵一卒也要守护的梦想，如果有的话，那就是你现在就该做的事情。

我没有办法保证这样一定会成功，我也没有办法保证你从此一帆风顺。

但如果那真是你的梦想，我可以保证你绝对不会后悔的。

徐笙竣，我没有钱可以支持你。

我也没有体力可以陪你一起骑那几千公里。

但我相信你。

我相信你会创造出属于自己的传奇。我相信有一天会换做你在台上演讲，告诉大家你是如何实践自己的梦想，告诉大家不管有多艰苦，也绝对不该放弃自己的信念。

而我，会坐在台下，带着笑容静静地聆听你的故事。

因为，当你多年前还坐在台下听我演讲的时候，我就相信你，你是做得到的，你一定没问题的，正如同我相信所有拥有梦想的勇士一般。

请你要平安回到台湾来哦，有跟去年你参加的阿宅聚会一样规模的阿宅活动在等你哦！

Lucifer

P.S.

哦，对了，如果各位要帮他加油和观看他最新的冒险进度的话，可以到他博客去留言哦！

http://blog.xuite.net/kay1027/shusales

他脸书是这个：

http://www.facebook.com/shusales

脸书更新比较快，博客看起来他最近好像没空写。~~因为好像都在跟妹拍照。~~

男子汉

我就是想要选择属于自己的道路，
即使失败，
我也想要为此负全责。
因为这是我的人生，
我不需要对任何人证明它是正确的。

“有时候，男子汉是选择不后悔的事，而不是正确的事。”

跟我说这句话的人为了画漫画，现在依然过着穷得差点被鬼抓走的日子。他花了一年的时间去日本学漫画，虽然有补助，但还是差点垫钱垫到把自己的存款提光。

但他还是常常笑，而且笑得很高兴。所以，我想他说的事情应该是对的吧。

但是千万别误会，这句话不是叫你去违法乱纪，或是侵犯别人的权利。而是在真实人生中，我们每一个阶段的生活都会面对很多种选择。主流社会、主流价值观都会告诉我们很多正确的选择，我们也都必须承认，这些选择可以让我们过得更舒服、赚更多钱、拥有更高的社会地位、获得更多人的尊敬。

但有些时候，我们就是不应该做这些所谓正确的选择。

因为选了会后悔。

我曾经在一所很好的高中演讲之后，访问一个很聪明的女生。她说她爸爸妈妈要求除了大学的医科、法律科系之外，统统不准读。她说："我会完成我爸爸妈妈的梦想。"

她下一句话说的是："但之后我就要去追求我的梦想了。"

我们都知道主流价值观中的正确，是许多人的经验累积，是社会上的众多前辈们经历之后得出的结论，统计学上、经济学上、社会学上，都应该是比较正确的。

我自己是电机系毕业，我的正确选择应该是继续往这个领域工作，但我就是不想要，因为我知道如果往那个方向走，我有一天会后悔的。

我有一天会在一个没人看到的角落，无奈地写着一篇文章："我当初做的是所有人都认同的正确选择，但为什么我总是觉得少了什么？如果当初我没有听别人的意见就好了。"

因为我们是独立的个体，我们并不是统计学上得出来的主流价值里面的小分母。

而且，所谓不后悔的选择，绝对不是只为了成功而做，它往往因为违背了主流价值，因为违背了所有人的看法，所以更是一条荆棘重重之路，但那是我们这种人心甘情愿的选择。

因为我们在心底深处有一种呐喊：我就是不想要过得比较轻松；我就是不想要和其他人做同样的选择；我就是想要选择属于自己的道路，即使失败，我也想要为此负全责。

因为这是我的人生，我不需要对任何人证明它是正确的。

六分钟

那六千分钟的全心投入，
那六千分钟的努力拼搏，
才是你真正的骄傲啊。

不久之前我去弘光科大当了一场拉拉队比赛的评审。

这场比赛其实规模很大，学校的大一新生几乎是全员出动来参加这个比赛。表演的专业程度也让人感到非常惊讶，一群完全没有拉拉队表演经验、没受过相关训练的大学生，能够在几个月的训练后做到这个程度，其实真的让我感到非常惊讶。

每个系为了这个比赛都练习了很久，许多科系甚至制作了很大的道具来当作表演的一部分，当然，统一的服装、彩球或是道具更不在话下，而且学校还有一个很有趣的规定，师长的参与会纳入评分的考量中，所以你会看到有些羞涩的老师和教授们同学生一起参与活动的样子，这在许多高等学府当中倒是比较少见的。

当然，也有一些系是第一年成立，所以没有太多学长学姐的帮忙，表演的时候也因为整个大一都必须要下场，所以少了看台上自己学长学姐的加油，略为有点孤单，但其他系的学长学姐还是会帮他们加油，所以感觉还蛮温馨的。不过十八个系都一起参加的比赛，规模真的算是相当惊人。

比赛到了最后，当然必须要宣布分数和名次。

第三名的队伍哭得很伤心，因为他们本来一直想要得到第一名，结果却跟他们的期待不同，所以我都走到门口了，又被拉回来，要对他们说几句话，希望能够安慰他们。

我其实明白伤心的那种感觉，可是我要说的是也许还年轻的你不太懂的事情。

这个比赛，对你来说真正重要的不是揭晓名次的那六秒钟，也不是上场挥洒努力的六分钟。

对你来讲，真正一辈子难忘，真正让你的人生与其他人不同的，是那进场前依旧在操场上练习的六十分钟，是在比赛前一周没日没夜练习的六百分钟。

甚至，**是在从编排舞蹈、从寻找预算、从制作服装、从设计道具一路走来的六千分钟，那才是你真正成长的关键。**

在那之中，你学会了努力就会成长，你学会了如何在有限的时间中规划项目，你学会了如何把全体的努力当作自己的目标，你知道了和志同道合的朋友一起成长的愉快。

所以，那六千分钟的全心投入，那六千分钟的努力拼搏，才是你真正的骄傲啊。我们评审能给你的奖杯，与那真正的骄傲比起来真的不算什么。

唉，但是我知道你们还年轻，现在不会懂的。所以就好好地哭吧，哭完记得要去好好地庆功啊！

那些年

你想要一边嘴角含笑，
摇着头说着自己当年真傻、
一边眼眶含泪地告诉他们的是什么样的故事？
而那，就是你现在该闯的青春。

看过《那些年，我们一起追的女孩》的少年少女啊，你可能不会完全了解里面的情节。

你会觉得里面的故事好傻好白痴，哈哈哈好好笑。

那是因为你本来就不该在这个时候了解这个故事的。回味这些故事，和把这些故事里面的愚笨之处重新诠释和说出来，是我们这些中年人的职责。

那是我们当年喜欢的女生，那是我们当年反抗的权威，那是我们当年挑战的极限，那是我们当年自以为最好的选择，那是我们当年随波逐流或是奋力反抗的命运，那是我们当年钩心斗角设下的陷阱，那是我们当年曾经因为愚昧无知而犯过的错。

所以那些都是属于我们的东西，是可以让我们这辈子一说再说，一讲再讲，而且永远不会退色的故事。

在那个时空里，当柯景腾因为少年气盛，拉不下脸来跟沈佳仪道歉的时候，沈佳仪就永远成为青春的一部分了，她再也不会犯错，再也不会不完美，再也不会随着时空流逝而有所改变；而柯景腾也再也不会变成熟，再也不会变胖变老变丑，他的形象会被永远冻结在青春的琥珀之中。琥珀再也不能、也不会被打开，因为我们当年所做的选择、冲撞，所犯的错误，那些年少轻狂的冤枉路，永远也收不回来。

人生，有很多事情本来就是徒劳无功的。但，这就是青春啊！正是因为要走过，要亲身经历过，要哭过、笑过，这些徒劳无功的事情，才会变成你人生中最宝贵的回忆。

这就是我们在未来的人生当中，可以时时拿出来把玩、炫耀的那颗冻结在时光中的琥珀啊！多年以后，我们会明白自己的轻狂与不足，但这些少年时所犯下的错误是给我们在未来参考用的，也正因为那样的不完美，那样的不可挽回，才让我们越变越强，终有一天不会再犯下那些错误。

所以，少年少女啊，看完那个故事之后，你们应该要明白你们该做的事情。传述青春的故事，是我们这些中年人该做的事情；但活出属于你们自己，而且与我们毫不重复的青春，是你们的责任。

青春本来就是愚蠢不周全的，青春本来就是该冒险的，青春本来就是该对抗各种各样的权威，青春本来就是该找出属于自己的轨迹；只要不把青春消灭，你本来就该尝试各种各样的可能性！被骂也好，失败也好，龟缩着不敢告白一辈子后悔也好，这都是你给自己的人生留下的印记啊！

如果你不明白自己该过什么样的人生，该拥有什么样的青春，那不妨停下脚步来想一想。

二十年后，如果有成千上万的少年少女们排队等着进电影院，想要看你那不完美的高中生活，想要看看你青涩的爱情故事……

在那时，你想要一边嘴角含笑，摇着头说着自己当年真傻，一边眼眶含泪地告诉他们的是什么样的故事？

而那，就是你现在该闯的青春。

环游世界谢哲青

CASE 01

在这次访问前其实跟哲青已经聊过几次了，如果你对他的印象就是满腹知识，随时可以掉书袋的读书人，那就错啦！他的书袋可是从各种各样的实际体验和实际的冲撞中获得的，绝对不是单纯坐在家中从网络搜寻来的！

跟许多想要环游世界，想要踏遍地球各个角落的做梦者不同的是，谢哲青没有一直等待机会来临，一直等待自己赚够钱，一直等待自己有时间，一直等待自己更有能力，一直把梦想寄托在那遥不可及的未来……

他不是。追求梦想不需要等到你可以坐商务舱，等到一切齐备，等到你可以轻松爽快时才开始；追求梦想其实应该要在当下开始，就算你一起策划去环岛的同学全部临阵脱逃，你也应该继续做下去！如果你买不起机票，那就当船员去环游世界啊！

所以啊，“万事齐备只欠东风”这句话，不是你在追求梦想的道路上，拿来当作理由的说法。如果真的万事齐备，就算天地逆转，你也得要唤来东风啊！否则在那边永远等待最佳状况，你的梦想永远不会启航的！

谢哲青：

环游世界这件事情，
其实是一个冲动，跟结婚很像，
就是你想要做，就去了。

台湾的教育不允许我们冒险，记得我高中第一次去环岛的时候，跟同学约了要骑自行车去，然后等到暑假的时候，谁的妈妈说不可以、谁的爷爷又说危险、爸爸说怎样，结果到最后变成我一个人上路，我们这个时代过来的都是这个样子。

我第一次环游世界，花了一年四个月左右，大概花了二十七万多新台币。我也没有规划旅行，我认为真正适合自助旅行的人，基本上神经要磨到很粗，能够很开放地去接受很多事情，这是大前提。然后就是随缘啦！我以前连旅馆都没订，妓院也住，一颗星的甚至没有星星的很低档的旅馆也住，晚上睡在旅馆里面，天花板还有月光透下来。

而且我环游世界的方式是很艰难的，我是搭船打工。当时办船员证，是先跑公立医院去做体检，然后到渔会去挂个执照，当年在挂船员证的时候，只要三百块，缴个年费意思一下。这个船员证很好用，我搭船环游世界的时候，就是到船公司去问现在有没有商船。

我的第一段旅程是从基隆搭到香港，船资是二千五，但是要在船上的餐厅工作，那个船其实很小，就十几个人，就是一艘散装货轮。三天的航程，我就在下面打工，赚几顿吃的，窝在一个小地方。然后一段旅程接着一段旅程这样环游下去。后来我到欧洲去念书，因为船员证还有效，我还到冰岛渔船去打过工。

我觉得任何人的出生，一定有个局限，会限制到我们的发展，但是如果这样就气馁的话，就太可惜了。像我现在身边发生很多事情，是我以前想都没想过的，比如说上台北工作，甚至进到媒体圈，都是以前我想都没想过的事情，我一直以为我会在南部的乡下，当一个中学老师终老。

但我是一个不甘寂寞的人，我不甘愿就这样子待在乡下，所以一直在尝试不同的可能。在我们这个时代，钱是很多人努力很久也没有办法达到的目标，但是我们有自由，可以去追求，有能力去追求我们想要的东西，虽然不一定会成功，但至少我试过。

我也有很多事情没有达成，例如，爬珠峰是我三十岁之前最想要做的事情，可是我没有登上去，我只到七千八而已，在最后一个攻南坳营地的时候，天气不好，只好撤退，那时候我大概花了

一百多万了。我这辈子会再去攻顶吗？我认为应该不会了，因为我没有时间跟体力了。但是我记得我曾经做过这样子的事情，我可以把故事带回来跟大家分享，虽然不一定会成功，但我认为人的命运应该自己去创造。

其实很多时候，我们跟年轻人聊天，会希望他们尽快开始寻找梦想的路程。原因很简单啊，因为要塑造一个人的能力和梦想，其实不是那么简单的事情，再怎么样也得花上十年到二十年的时间，才能够让你成为一个完整的人；这其中有些梦想会失败，有些能力会随着人生阅历愈来愈丰富而跟着调整，并且跟着慢慢定型。

有很多真正的梦想也不是一出发就能够得到答案的，必须经过摸索，必须经过磨练，才能够找到真正适合你、符合你的梦想。

仔细算一算，如果你十七岁的时候开始出发，尝试接触可能的梦想，十年的时间足以让你成为一个二十七岁的青年，二十年的时间都可以让你变成三十七岁的中年人了。

你说梦想是不是该趁早开始？当然是越早越好啊！

Part 2
这就是逆境啊！

“在塞尔维亚内战时，
他们不分日夜轰炸我们的家园。
但如果我起得够早，
我可以在轰炸机飞到之前练习网球。”

——网球名将 Ana Ivanovic

Email 07

分手后为什么当不成朋友?

FROM **小廖**

您好,我是东华大学的学生,听了您的演讲后,我觉得这和我从小听到的八股演讲内容差异性非常大。

以前我总是在台下,想着台上的演讲者为什么都讲出一些我无法从心底里接受的话,总觉得台下听到睡着,台上也快讲到语无伦次了 …… 但您的内容让人感觉是准备了很久,很用心地面对,纵使台下的人不多。

您说您的信箱是自己在管的,所以我才会试着发这封信给您。

切入正题吧。

您演讲有一段内容,让我回去之后不断地思考,也是这一段让我很想问问您的意见与看法。

您说现在的年纪失恋了会很难过,觉得失去一切,什么都没有,生活没了中心,甚至想轻生。但过了二十年后,回想到以前的这段感情，只是会莞尔一笑罢了。

我现在十九岁，年底就满二十了。大一上学期刚开始不久，我和我的她相处得很好。

我们真正开始搭上线是在一次骑车路途中，她出了车祸，膝盖内出血。当时我在旁边，一开始觉得她没事，走路什么都正常，但几天后恶化，变成隔一天甚至每天都得去针灸，还放过血。有一次她找不到人载她去医院，于是便找我。

后来看完医生后，聊着聊着我们便每天都会聊一些自己的事，甚至晚上还会约出来逛校园，坐在操场上看星星发呆一整晚。

当时很单纯，也很美好，后来便自然而然在一起。我们几乎每天都会一起做很多事，中间发生了很多事，使得我们感情愈来愈好。

直到寒假过后，下学期开学，她的态度突然转为冷淡。我起初生气她的无理取闹，隔天本来想跟她聊一聊，以为就像以前那样没什么。

但她说寒假她想了很多，她还是不习惯两个人，觉得一个人比较好，同时她想当家教、想转学、想做很多事，继续跟我在一起会让她觉得束缚太多。

于是我们分开，我哭得很惨，真的很惨。当天下午，我很无助，不能接受这个理由，于是我打给她非常要好的朋友们，问寒假到底怎么了？

得到的答案也是大同小异，但几天后她知道我打给她们，非常非常生气，后来陆续发生很多事。我真的很累，想跟她当很好的朋友就好，可是找她聊天，她却冷眼相看，完全忽视我，好像对待仇人一样。

我很难过，我是被提分手的人，但为什么连朋友都当不成？

她说想转学、想念书、想做的事，好像都不见了，她出去玩，也不找家教,她念书时间变短,但 FB 时间很长。

在这段期间,她和一位男同学很好,虽然他们不是大家想的那样,或许她把他当姐妹淘看,但我难过的是,她把以前会对我做的事,转移到他身上,例如上课时会特别挑他旁边坐,很多课主动找他说话。

总之就是在不逾矩的情况下,他取代了我。

现在我和她连招呼讲话都没办法,我不知道该怎么办,朱学恒大哥,您可以给我一些意见吗?

朱学恒回信

我被这样青涩的少年爱情故事给感动了！

~~于是在我 Xbox 360 过热当机的状况下，~~于是我忍不住立刻要回答你的问题！

事实上，负责任的我，还跪求我老婆给我一个简短的答案！

老婆大人的评语是这样的：**“为什么？因为这是男人成长的开始，重点是你若把时间都拿去当前女友的朋友，你要怎么有下一个女友，你说，你说，你说啊！”**（摇肩膀～～～）

是的，我的确是说过：

你的人生永远不会辜负你的。

那些转错的弯，

那些走错的路，

那些流下的泪水，

那些滴下的汗水，

那些留下的伤痕，

全都让你成为独一无二的自己。

只有在逆境中看见的风景，才是最美丽。而如果不下雨，我们要怎么看见彩虹呢？

但是，人生就像上学一样，该下课的时候就要下课啊！不管你多么想要上一个老师的课，时间到了，就是会下课啊！强求是没有用的啊！

而且谁告诉过你被分手就有资格要求做朋友啊！我告诉你真相吧！全世界就你最没资格说要跟她做朋友啊！

那什么想转学、当家教、因为外星人入侵、要成为钢铁人、想要去救雷神索尔、想要当黑寡妇、想要照顾美国队长、想要吃绿巨人玉米等等，那些都是借口啊！

翻译成中文只有一句话：**“我不想跟你在一起！”**

至于分手之后做朋友这件事情，容我用中年人的智慧跟你做一个比喻吧！

想象一下：

你高中的数学老师，即使他教得很好。但他在你考上大学，高中毕业的那一刻，靠过来在你耳边吐着热气，悄悄地说了一句：“虽然你毕业了，但是我要当你一辈子的老师！”

然后你还可以听到他吞了口口水的咕嘟声！

妈的！你说这样恶不恶心！恐不恐怖！

呃，对不起，我太激动了一点。

总之！你现在的状况就像是参加高中篮球联赛的山王工业一样！你前一场比赛就已经跟湘北打完了！

不去赶快准备下一场比赛，还在球场边指指点点干什么！

你已经不在场上了，你已经不是比赛选手了，而且你还坐在最靠近厕所的地方！哪轮得到你管人家怎么打球啊！

湘北打完山王工业之后就已经遍体鳞伤，连爱和都打不过就退场了！

但是他们有没有转职成场边球评，一直看着别人比赛却不锻炼自己，或者是罢场要求裁判改判？

当然没有啊！

赤木开始准备大学考试！樱木开始复健要成为复健王！流川开始提升英文能力想去打 NCAA（或者是 NBA）！

翔阳、山王、海南全都继续为了下一次的全国大赛而苦练和改进啊！

所有人都已经向前迈进了！

你！就是你！为什么还滞留在不属于你的球场上，评论那不属于你的比赛?!

少年啊！赶快向前进吧！迎接你的下一场比赛吧！

Lucifer

P.S.

相信我，十年之后回头看起来，你的嘴角一定会浮起一抹微笑：我他妈的当年到底在想什么啊！

而且我们把你的信贴出来有助于你往前迈进啊！上一次我们这样做的时候，那一对就百分之百地彻底分手断干净啦！

Email 08

我对研究所的教学生态感到厌恶……

FROM 硕三生

朱大你好，我现在是硕三，二十七岁（晚读＋大学延毕＋当兵），今年毕业（希望是）。

我大学读的是私立学校，毕业后为了将来的就业取向而选择报考研究所。原本满心期待地进入大家口中“哇！”的学校就读，没想到却大失所望。

主要是在本所的课程当中，并没有得到多少思想上的启发，进而导致对国际事务工作丧失了热忱。我想本届同学当中，应该也有部分的人对此有同感。

我现在正在写论文，同时也为将来的出路深感苦恼，研究所出身并不会在就业的路上有多大帮助，顶多是得到一张看起来还不错的文凭，然后进入社会之后再从零开始，却已经比别人晚了两三年。

或许无法学以致用是个人的生涯规划与选择的问题所导致，但也许我们的教育也该负起责任，制式、僵硬、虚应故事的教育对教师而言是个方便的做法，因为他们的重心在于“学术研究”、“当官”、“社交应酬”，有志于“教育”者微乎其微，上课常常是学生轮流报告至学期结束。

我的意思并不是要求老师们为学生铺好

一条康庄大道，或为学生的就业问题担上全责。而是身为老师，至少要能给学生思想上的激荡，进而产生启发，对他们的人生造成影响，这才是为人师者的责任所在。

现在多数的老师，既不传道，亦不授业，更不解惑。他们只关心自己将来的发展，而缺乏师者的自觉。学校在聘任教师时，只看学历、是否为系友或校友，而不对教师的教学进行审核评鉴，即使是恶评如潮的劣质教师也可以霸占职位直到安然退休。老实说，我对这样的教学生态感到非常厌恶。

所以，我想知道朱学恒先生对这种情况有什么样的看法，有什么样的提议可以改变？

朱学恒回信

我知道你很想要趁机骂骂所里的状况，我也知道你的这个研究所僚气很重，我也明白你一肚子委屈，因为期待那么久的理想却落空了。

但是，你要让这些臭官僚和烂老师决定你的命运吗？你要因为这些家伙因循苟且、彼此包庇而改变你未来想走的道路吗？

如果将来有一天，未来的你回来问你自己，当初为什么放弃了这个最初的梦想？你要如何回答他？

因为老师烂？因为社会环境不好？因为被迫选择了别的道路？

你觉得这样能够回答未来的你自己吗？你觉得这样的理由就够了吗？

如果是的话，你其实现在就可以不要继续读了，去做你真心想要做的事情吧。如果不是的话，还那么执著于这些烂家伙干嘛？

你能够成为多强悍的人，跟你身边的人多强悍是没有关系的啊！

Lucifer

Email 09

我有好多问题要问……

FROM **阿哲**

朱大你好：

我是物理系的学生。

今年放寒假时被直销找上门，于是偶尔会去他们教室上课，也参加了他们的大会。在那边我学到很多做人处世的方法，认识了很多人，他们也谈到梦想，但我并不打算做直销，也没兴趣，所以没有加入，也没买过任何他们分享的产品。

他们的有些理念我不太认同，但他们会说："不用思考太多，我们想的不会比你少，想了好几年都一样，单纯相信听话照做就对了。"即使有些事我一直问，他们也不告诉我。我该离开吗？现在就先认识直销的社会人士或各行各业的人比较好吗？还是先跟同学一起就好？但他们又会说，你一直跟着同学生活比较好吗？

请问朱大的太太是努力追来的，还是女生有时会被男子气概吸引过来？有什么有效的把妹方法可以提供？有哪些事情可以找女生一起做？如何选好的女友？若女生条件比我好很多怎么办？

我曾在东华大学铁人队，很能体会别人没必要支持自己的梦想这种心情。去年暑假时，大家梦想着去加拿大比226KM超级铁人赛，要找人赞助，可是最后只拿到一点钱，我自己付了两万元报名费，但最后决定不去参加。

当时不参赛的主要原因是有教授和亲戚说，我念的是物理系，这对我的未来又没关系。我爸是肯帮我付机票和报名费，但最后是自己也不想比了才没去。铁人公司说好会退六千元支票，可是我寄信去也没回。一直寄信去催还是不退六千元支票怎么办？要自己存钱去完成梦想很难吗？

其实我不想大声说出梦想，因为我看过一段TED[①]的视频，里面提到把自己的目标告诉别人，让别人认同这个目标，心理学家把这称为一种社会现实，是一种假象感觉，觉得事情已经完成了，因为你已经感觉到满足，就没有强烈的动机去努力完成实际的工作。

这是不是和传统智慧相悖？传统是让我们把目标告诉其他人，这样

① TED，美国一家非盈利性机构，以组织科学、公益、艺术等领域的杰出人士演讲著称于世。“TED”为英文“技术”、“娱乐”、“设计”单词的首字母缩写。

他们才会支持我们实现目标。结论就是你可以拒绝说出目标的诱惑,你可以推迟社会认同带来的满足。下次当你想跟其他人分享目标时,他放了一张女生拿胶带把嘴封起来的图。请问朱大的看法是?

朱大说到有些事要到一定年纪才会明白,我听得懂一点,有人说如果十八岁有三十八岁的成熟度就会成功,但人往往年轻不懂事,但懂事就不年轻了,朱大认为呢?太早熟好吗?

我的问题还不少,以上有十三个了?非常感谢朱大宅神。

“有人说如果十八岁
有三十八岁的成熟度就会成功,
但人往往年轻不懂事,
但懂事就不年轻了。”

朱学恒回信

虽然你问题很多，但是我可以简单回答：

你动得太勤劳了啦！

年轻人是要多尝试没错，但多尝试的意思是要去找一件事情，做到底为止啊！

但多尝试跟蘸酱油是不一样的啊！如果你参加一个团体既不投入，也不认同，那么你继续待在那里的原因是什么？只是为了参加而参加的事物，除了可以让你在履历表里面多写上一段之外，根本不会对你的人生产生影响啊？

这种沾一下蘸一下的人生就是蘸酱油！除非你这辈子立志要当生鱼片！否则你为什么一直在蘸酱油啊？

如果你要参加超级铁人三项，那么就算每天去便利商店打工也要凑到那笔钱！如果别人说一说你就放弃了，那你自始至终就没有要捍卫这个梦想的意愿，这种软弱的梦想，当然是注定要被摧折的啊！

如果你自己不愿意为了自己挺身而战，还有谁会愿意替你对抗这个世界？如果你真心想要回那六千元，那就算飞到加拿大去、在他公司面前打滚，也要拿到这笔钱！这世界上根本没有能不能这件事，从来就只有想不想而已！

每天大便也跟读物理系没关系，难道你要因为这样而不大便？

TED的那场演讲我也看过，难道那个胖子演讲者讲什么能够阻止我告诉你我的梦想吗？**当然不行！**如果我要告诉你我的梦想，天王老子也阻止不了我！

而且那段演讲你铁定没有认真看，他强调的是如果你把梦想告诉别人之后，对方说你好棒真厉害，那你就觉得喔喔喔我获得社会认同了，真正去实践梦想好累，还是算了吧，反正我有正妹认同我了。（茶）

才不对咧！我告诉你我的梦想是因为我要作全垒打宣言，我要高举起我的手臂告诉你，我接下来这一球会打到全垒打墙之外，我会把球打到你连看都看不到，我会把你全队的士气打到溃不成军！我会让全场观众起立为我欢呼！我会让你从此再也不能够直视我身上霸王色的霸气！

我的梦想才不是追求他人的认同，我的梦想自始自终就是为了满足我自己，超越我自己，挑战我自己！

懂！了！吗？（大吼）

人之所以
成爲英雄
是因選擇而非

Email 10

我毕业后这几年到底是出了什么问题?

FROM **大维**

朱大你好，

我今年是二字头的最后一年了，明年我就要进入三十大关了。可是我的人生好像在大学毕业后就一直在鬼打墙。

最近参加了同学会,发现大家都变得不一样了。交换名片是最难受的时候了,主动交换名片的人,多半都混得不错。也有人带着太太一起参加,还有人小孩都生了。整桌的话题都在讲工作、理财、房价,我实在很后悔参加同学会,这已经不是叙旧了,是社会成就的评比。

而我什么也不是,没房没车没女友,我既插不上话,也不想讲什么,一顿饭吃得痛苦无比。明明大学时我成绩还不错,同桌的有些人还是靠着我的笔记才拿到学分的,我这几年到底是出了什么问题?

我退伍后,找工作一直不顺利,试过一些工作,但都做不久。家人鼓励我考公职,我也花了一年时间准备,但没考上。后来家人通过关系勉强帮我安插到一个公家单位的职缺,当约聘人员,原本以为待久了可以转正职,结果一年后也落空了。

家人脸色越来越难看,讲话也越来越难听,我赌气找了超市的大夜班来做,就是不想看到他们的脸。

我本来觉得这样生活还不赖,收入也稳定,但参加同学会后我整个慌了,我这样下去对吗?明年我就三十了,但我的工作经历太难看了,就算现在想换工作,也没有公司想要我,因为我没经验。

我也不知道该怎么努力,感觉现在起步也晚了。什么专长也没有,或许我应该去进修?或是考个什么证照?我真的不知道该怎么重拾自信心往下走了。

朱学恒回信

我把你的来信上上下下翻来翻去看了好几次,发现一个我不太明白的事情。

你怎么好像没有在为自己活啊?

交换名片的难受是因为别人的眼光,考公职是因为家人的建议,做大夜班是因为赌气不想看到家人的脸。

在这个社会中做人真的好难。特别是如果你把其他人的看法跟眼光,通通摆在自己的想法之上,那这个社会真的是难以生存。

因为要讨好所有人,真的太难了。

但是,我要问的问题很简单,那你自己呢?你真心想要成为的到底是什么样的人?是一个随时被别人的意见和看法牵着鼻子走的人吗？还是一个自信独立，追求自己想要过的生活的人？

做大夜班的店员没什么不好的啊，但糟糕的是，你只是因为赌气而去做，所以当隐隐看到别人不以为然的眼光时，你就退缩了，慌张了，担心了。

你得要先学会爱自己和自己做的事情，才有办法挺身而出面对全世界。

> “你得要先学会爱自己和自己做的事情，才有办法挺身而出面对全世界。”

因为如果你连自己都不爱了，只是闭着眼睛接受或是排斥别人的安排，没有自己可以捍卫的信念，终其一生都在讨好别人之中过活，那真的是很糟糕的人生哪！

所以，我的建议很简单。不管你要做什么，要去进修读书找新工作都好，但是在那之前，找到属于你的信念，找到属于你的使命，找到属于你的梦想和目标吧。

我没有宗教信仰，但是我却相信“使命”两个字。

这世界上一定有一件事情是你做得愉快，做得最好，甚至还可以拿来帮助别人的事情。

而那，就是你的使命。

我们在这社会上生活，辛苦努力，就是为了找到那个使命；在真正找到那个使命之前，你只是随波逐流，载浮载沉而已。

赶快去想办法找到这个使命吧！

Lucifer

Email 11

我也想要朱大的热血加持！

FROM 雄哥

朱大：

你好，我从小不会念书，说白一点，就是排名倒数那几个。不过，生活还好，和同学有很多点子玩，放学后就去泡网吧，反正家里总是没人。后来，大家索性一起逃课。

因为逃课次数太多，学校通知爸妈到校。爸爸是老好人，不太管事；妈妈非常震怒，那天我一进门，她拿起衣架就打、大声咒骂。我跟她争执：你以为我不知道你下班为什么不回家吗？

妈妈气得发抖，好久不跟我说话，我也不理她，即使我知道她常到庙里拜佛求神让我平安顺利。她依然很晚回家、很早出门，不过，请了阿姨到家里做晚饭、找了家教盯我做功课,生活算是稳定一些。

好不容易捞上一个大学可以念,我以为妈妈会很高兴。没想到,她竟然说要训练我独立,学费要自己付。我咬牙,申请学贷,然后到加油站打工、到酒店当少爷,但是心里一股气,她对朋友那么海派,为什么就要让自己的儿子累得跟狗一样呢?

毕业后,我找到一份业务工作,存了一点钱后,跟着朋友合伙买股票。一开始非常顺利,大家分一分后,赚得还不少。不仅花钱没压力,亲戚朋友也现出赞美和羡慕的表情。

我这辈子从来没有这么称心过。我立刻搬出那个冷冷的家,租房子、买车子、治装打扮,天天和朋友唱卡拉OK、上夜店喝酒,而且绝不和家里联络。

哪知道好日子很快就过完,股市的钱转眼赔光了,只有一份底薪撑着,生活习惯却回不去了。我开始借债,没钱还,再借新债。还是还不了,就喝更多酒,然后躲电话,躲人。

这时候我才体会到,成年人也有自己解不开的结啊。就像我妈妈当年,也在自己解不开的纠结中,无力地逃避爸爸和我。

债主的电话打到家里去了。妈妈来找我,要我回家住,然后鼓励我做债务协商,又帮我还掉一部分钱。

妈妈已经退休,其实是在吃老本。不过,那半年,她没有给我压力,任我打零工、找工作,多晚回家都有她准备的一份晚餐。

后来,朋友找我去他爸爸开的旅行社帮忙,近年因为大陆游客多,他们常忙不过来。没想到,我很喜欢这份工作,跟客人一天到晚聊天,又可以到处玩,再累我也有力气。原来,这就是找到自我的心情。我打算去考导游执照。

也是这时候，妈妈被发现得了癌症。听到消息的那一刻，我在内心咒骂，我们母子才刚和好，我的人生才找到方向，怎么会这样？

反倒是妈妈愈来愈坚强了。她说她会努力对抗疾病，也要我为好不容易找到的热情全力付出。治疗期间，我看着她忍受说不出的疼痛，只能用更多的努力来响应她，我第一次感受到家人同心的力量，也许因为，这一刻，我们都是人生的战士吧。

妈妈做完化疗，病情在掌握之中。我也考到执照，忙着带团，一个月只放一两天假。我不知道我们的好日子能有多久，不过，这一次，我要尽一切能力把握。

以前遇到挫折时，接到朋友转寄朱大的文章，都很受激励。现在的我，也很想得到朱大的热血加持啊。

朱学恒回信

我怎么会有资格激励真正的英雄呢？你们已经用尽力量和世界对抗，现在唯一需要的就是奇迹。

而我相信**只有使尽全力的人，才有资格呼唤奇迹。**

人哪，只有找到真正值得珍惜的事物的时候，才会懂得什么叫做奋战的意义。

家，就是有家人在的地方。

好日子，就是跟自己深爱的人一起相处的日子。

你已经身在人生战场的第一线，我没什么可以激励你的，因为你已经找到值得奋战的理由。

我能做的，只是把你的来信收到我的书里面，让每个打开这一页的人能够给予你祝福。

并且告诉你：**加油！**

我希望这本书只要还有人在看，你就可以跟母亲继续度过你们的幸福日子。

Lucifer

至学馆高校

所谓的奇迹其实，
是他们青春的信念与血汗的结晶，
是他们每一分每一秒
努力不懈所追求到的梦想！

2011 年 7 月 30 日，日本甲子园爱知县代表队决赛。其中一方是传统超级棒球名门爱工大名电高校。

这所被号称爱知私立学校四强的爱工大名电，有着悠久、令人自豪的棒球校史。光是以知名棒球界校友来说，就有工藤公康（西武）、山崎武司（乐天）、铃木一郎（西雅图水手队）、堂上直伦（中日）、堂上刚裕（中日）。

当年的铃木一郎就跟母校一起打进甲子园，只是最后含恨未夺冠。

爱工大名电的棒球社更是已经创立五十五年，曾经创下连续三年进入甲子园的优异成绩。

可是他们却在 2009 年被一所默默无闻的高校，以一分之差击败，今天正是他们准备要在甲子园选手权决战一役中复仇的时候。

另外一方叫作至学馆高校，前身是 1908 年才成立的中京裁缝女学校，一直是一所女子高校。在 2005 年才由中京女子大学附属高等学校改名为至学馆高等学校，也才开始招收男性。而至学馆的野球部也是从那个时候才开始成立的，所以成军至今不过六年的时间。

而他们的特殊校友是濑央みつき（前宝冢女演员）、伊调馨（角力选手）、坂本真喜子（角力选手）、西牧未央（角力选手）。（你想也知道这所学校原先是女校，怎么可能五年之内就有人去打职棒？）

他们的野球部刚成立的时候，设备和场地严重不足，甚至还必须要等到别的社团练习完之后，才能够轮到他们开始练习。据说一个星期只有几天能够用到操场来练习。

他们从来没有打进过全国大会，所以在各体育媒体报导时，他们的全国大会战绩是一片空白。而打到爱知县的全国选手权决胜战，已经是他们有史以来最好的战绩。

但这所默默无闻的高校，曾经在一次比赛中，令人意外地打败过棒球名门爱工大名电。

因此，这除了是至学馆争取进入甲子园的机会之外，也是再度证明他们实力的宿命一战。

但在那一战之后，至学馆高校野球部面对的却是一连串的厄运，彷佛是为了凸显他们的毅力一般，悲剧接二连三地袭来……

2011 年 2 月，至学馆的王牌投手桐林史树，在东名高速公路上的一场追尾车祸中丧生了。

桐林史树不但是王牌投手，也是个努力毫不松懈的运动员，他在酷暑中率领着球队一路奋战，只因为希望母亲来探班时可以看到最好的自己。

擅长投变化球的他，高三还未毕业，据说已经有十所以上的大学希望延揽他进入校队。

这位年轻的王牌投手的生命就此消逝，他曾经是最有希望带着至学馆进入甲子园的队长，但一切似乎都已经随着他的过世而成为过眼烟云。

可是，他的学弟们决心要扛起学长的遗志，立誓要打进甲子园，给学长看看他们的拼搏精神。

所以，每一场比赛，投手们都会把桐林史树学长的照片带在身上。除了自己的努力之外，他们也希望学长在天之灵能够守护他们。

而且，桐林史树的母亲和祖母，每一场比赛都会亲自前来观战（有时他的父亲也会出现）。所以，这每一场比赛，也是打给他们看的。

但至学馆高校野球部所承受的悲剧，并不仅于此。

在 2 月 15 日当天，被剥夺了棒球梦想的还有另外一个现役的投手，麻王健之郎。他因为肩膀受伤，从二年级以来就断断续续地不能上场，最后因为被医生诊断“痊愈的机会不大”，而终止了他的投手生涯。

残酷的地方不只在于他再也不能穿着球队的制服上场比赛，残酷的地方在于两年前他是为了和父亲麻王义之监督（也就是至学馆野球部的教练）一起打棒球，才进入到至学馆高校就读的。

健之郎饱受折磨，慢慢地与队友渐行渐远。父亲依旧还是球队的监督，但自己却再也不能上场打球。和父亲一起眼睁睁地看着自己梦想破碎的压力，岂是一个十八岁的男孩可以承受得起的？

冬天到了，正当健之郎万念俱灰之时，三垒手铃木敬介（三年级）寄来了一封信：“因为有你在，我才能努力下去！”铃木敬介也是因伤所苦，拥有同样经验的人。

主将冈大树（三年级）也很担心健之郎，在放学的地铁上激励他：“一个人抱着痛苦是没办法踏出下一步的。”

而后，健之郎有了改变。这支队伍也有了改变。

在桐林选手忌日的三天后，全队再度展开练习，在球队会议中做出了决议：“我们要代替想打棒球，但却再也不能站上球场的前辈的份，一起拼命努力。”

每当在比赛中，在垒上有人、球队陷入危机时，全队都会将注意力集中在投球区：“看看桐林所在的天空吧！”

他们会一起望着头顶上的蓝天。

今年夏天，健之郎身为记录员（还有兼任球队经理），在板凳上穿着的是制服而不是球衣。在他随身携带的棒球笔记封底，写着过世的学长的球衣号（10号）和姓名的缩写，还有两句话：

为能够活着的这个幸福而感谢，为能够打棒球这份喜悦而感谢。

他，不但扛起了同学的甲子园梦想，也把自己的甲子园梦想寄托在那些依旧在球场上奔驰着的学弟们。

这个夏天，穿着制服的麻王健之郎在场外静静地记录着这场球队史上最好的战绩，还有头上那片桐林所在的蓝天。

关键的一场比赛终于到了，至学馆对上爱工大名电。

双方你来我往的缠斗，在每一局的比赛中互有胜负。

第一局下半，爱工大名电发挥强烈攻势夺下两分。

第三局上半，至学馆高校拿到一分。

第四局上半，至学馆高校拿到两分。

第五局上半，至学馆高校拿到一分。

第六局下半，爱工大名电再度夺回一分。

接着双方一路打到第九局。

强悍的爱工大名电完全没有放弃，在九局下半他们奋力发动猛攻！

在一人出局的状况下，爱工大名电攻占了所有的垒包，让至学馆陷入了空前的危机！

此时，至学馆高校喊出了暂停。选手们齐聚投球区，脱下帽子，一起看向桐林学长所在的那片蓝天。

他们要向学长桐林史树报告目前的危机，祈求他能够和所有选手一起唤来奇迹。

接着，爱工大名电的下一个选手打击出二、三垒之间的滚地球，被至学馆选手直传本垒，刺杀了对方。

然后爱工大名电再打出一个一、二垒间的滚地球！至学馆再度将跑者刺杀于二垒！

他们赢了！他们赢了！他们赢了！

奇迹果然出现了。

不，这应该不能算是奇迹。

这是直到最后一刻也没有放弃的至学馆选手们，所拼斗出来的果实。

是那些流着汗水，晒得满脸通红，还在球场上努力的人们奋力争取来的成就。

这是那些即使资源不足，即使成军只有六年，即使队上的王牌过世，也没有自暴自弃的选手们，在绝境中坚持下去的血泪，撼动这个世界的结果。

所谓的奇迹其实是他们青春的信念与血汗的结晶，是他们每一分每一秒努力不懈所追求到的梦想！

这是他们短短六年的球队史上最好的成绩！

至学馆高校终于进入了甲子园！

他们终于完成了学长未竟的梦想！

选手们满脸泪水地向着所有来替他们加油的师生鞠躬。

球场上响起了至学馆的校歌《追梦人》：

登上最高的地方
抓住最亮的星星
选择最苦的道路
带着最坚强的心
渡过海 吹着风
仙后座就在眼前
不放弃梦想
所以到达了此地
但不知道为什么
止不住满眼热泪

在我失落的时候
看到了你的脸庞
向我伸出雪白的臂膀
如同展翅的羽翼一般

去体验许多事吧
不用急着赶路
和更多人相遇吧
这样的旅程也不赖
奥林匹斯山丘上
传来女神的歌声

不放弃追寻梦想
要往更远的地方前行
但不知道为什么
多希望伙伴也在身旁

和最亮的星星相比
我更喜爱夏天的星座
如果有你在身旁
我就能成为跨越夜晚的银河
如果有你在身旁
我就能成为跨越夜晚的银河

这就是青春啊～～～

Lucifer

本篇文章参考以下链接，若有疏漏之处，都是我的错啊：

http://mytown.asahi.com/aichi/news.php?k_id=24000011107250007

http://sensuikan.pixnet.net/blog/post/35456841

http://www2.asahi.com/koshien/hs/19/21207/

http://welovekoshien.blogspot.com/2011/07/2011_8356.html

http://www2.asahi.com/koshien/93/localnews/NGY201107060002.html?ref=reca

http://zh-tw.facebook.com/pages/%E5%A3%B9%E9%9B%BB%E8%A6%96%E9%AB%94%E8%82%B2%E5%91%A8%E5%A0%B1/133500233392018

http://ameblo.jp/westcoast613/entry-10346051169.html

至学馆的学长和麻王健之郎的故事感谢万事通事务所网友协助翻译：

http://www.facebook.com/Geekfirm/posts/172297229510254

基蛋哥的逆境

你不只应该醒来，
更应该过得更好、
更幸福，因为那是属于你的奇迹。

大概三个多月以前，有个很想要创业的网友写了很多封信给我，试着表达他有多么想要开一个店面，卖他喜欢，而且擅长推广和设计的家具。

他对这个产业有非常非常大的热情，写了上万字的分析给我看。我们往返了好几封信，底下是他其中一封信的一个段落（光一个段落就这么长，可见他写了多长的信）：

我记得小时候热爱职棒几乎到疯狂的地步，我是三商虎队的球迷，也是球员鹰侠的球迷，我们初中体育老师是刘义传的太太，我为了鹰侠的签名照，不断地拜托我们老师帮忙，最后拿到了签名照。我也疯狂地做梦，在我们小区硬是找人组队跟别的初中组联盟打球，然而这种做梦的勇气，我现在却看不见。

在职棒签赌后，我再也没进过场了，之后随着年龄的增长，更知道了现在的职棒跟 WWF 没两样。

我记得看过一部纪录片叫作

《野球孩子》,里面每个小朋友都天真地要当职业选手,我哭了！因为我知道现在的比赛已经只是作秀,不会再有悲情左投陈明德十二局无胜这样的故事,也不会再有那些曾经让我们感动的比赛了,一切比赛都是经过精密计算的结果。而这些小选手总有一天会长大,他们会了解到现实跟梦想间的差距,而谁来完成他们的梦想?

自我出来工作后,就没有一年听说过情况好过,其实我觉得我们现在所处的环境很尴尬,因为环境不会再给你做梦的机会。我想起了电影《自由大道》里, Milk 曾经说过:我努力并不是为了我们,而是给予下一代做梦的勇气。

看了你的文章之后,我认为我有不错的机会,也有很好的条件,如果我都做不到,那谁来做这样的事情?

于是我又拿起电话,打开电脑,努力写信给很多我觉得有能力支持我的人,说来你可能会笑,其中甚至有很多的名人,是我们在电视上看到,但是可能一辈子都不会有接触的人。我像是疯了一样,非常认真地跟每个愿意听我说的人说我想做的事情,我很庆幸一直到现在我都没放弃。

我承认我真的几度想要放弃,但是有很多支持我的动力,可能只是 Mr. Children 的歌,可能是因为我看见一位逝去的年轻朋友的名字出现在我的手机上,在这同时看见你的文章,我也有一种很想写信给你的冲动,于是写了这一封信。

或许这最后的结果会失败,但是也有可能会成功,于是我就一直听着 Mr. Children 的 "Kurumi",一直到现在对方说,有人同时在看这最后一个场地,但我不确定这两天自己能不能募集到钱,但是我是很认真地在完成我的梦想,因为我知道如果现在不做,我不确定以后有没有这么低的门槛,以后再回想,我一定会觉得很可惜很可惜很可惜。

没用的我因为自己也没钱了，所以只能多回几封信，告诉他可以多努力一下，多找人帮忙，或者坚持下去。

他说他想要引进各种沙发，他说他想要开一个属于自己、有设计感的家具店，但是找金主真的很难，找合伙人真的很难，一切都真的很难。

但是他还是冲了，他还是没有放弃。于是，他的店终于开幕了。

我本来应该跟着他一起高兴，但我收到了这封信。

Dear Lucifer,

我是要跟您报告我的店开了，这原本应该是开心的事情，但是……

到现在开业不到五天，发生了一件事情。

今天去上班的路上，我跟我女朋友骑车，发生了很严重的车祸。经过一整天的急救，她终于有生命迹象了，但是她依旧昏迷在林口长庚的加护病房中。

其实您的回信，让我们创业的两个小伙子充满了激情，让我们坚持到过了最难的一关——资金，店也开起来了，只是我也没想到我才要实现我的梦想，却发生了这样的事情。

以前我会觉得“集气”这件事情有点荒谬，但是我现在终于知道，在那种无助的时候，很多的集气是用来给当事人勇气的。这一次我希望有求必应的阿宅事务所，能再一次给我勇气，也给我女友勇气。

她是一个很可爱的小女生，您看到一定也会这样觉得。她很有勇气，当初我找资金找得快跟神经病一样，想要找上您，也是因为她某一天不知道哪来的勇气，竟然跑去找了于美人、蒋勋，这些她一直以来都很崇拜的名人。我觉得她都这样有勇气了，我怎么可以输给她。

这一次我不确定她有没有勇气可以面对这些，因为现在人还没醒，醒了之后的很多手术，还有心理的重建都很困难。

希望您可以给我跟女友一封信，鼓励一下她。她为了我付出了太多，我想帮她搜集大家的鼓励，这是我现在能做的少数事情之一。希望您能抽空回她一下，再一次给她勇气面对之后的困难好吗？谢谢！

接到信的时候，我一时之间真的不知道该怎么回信。我既没有钱，也不是什么名医，没有灵感的时候更是连个屁都写不出来。

但也许，奇迹就是在这个时候出现的。而我，希望这次可以看到更多奇迹。

我希望你的女友有一天可以看见这篇文章。

我不知道集气有没有用。但很多时候奇迹是努力出来的，奇迹是靠着信念召唤来的，奇迹是靠着血泪与拼博而争取来的。

加油，希望你赶快醒来。

你不只应该醒来，更应该过得更好、更幸福，因为那是属于你的奇迹。

希望你，能够让我们看见真正的奇迹。

Lucifer

基蛋哥的回复：

谢谢朱大、蒋勋老师，二位的回信给了我莫大的支持鼓励，尤其朱大。谢谢！

我会更加地努力，我知道对于我女友的心理建设跟我的创业来说，一切都是刚开始。

关于梦想，我想永远都没有真正的起点，也没有真正的终点。

我也终于知道梦想有两种：一个人的梦想与一起的梦想。我会跟她在剩下的时间完成“一起的梦想”。

再一次谢谢大家，除了谢谢外，我真的不知道该怎么说，谢谢每个给了我勇气的人。

你们可能不知道，我看着你们的留言，真的是流着眼泪的。我以为我很坚强，可以面对很多事情，可是你们的留言帮助了我，让我可以坚强面对这些事情。我更相信是你们的留言帮助了她，给了她勇气，让她苏醒。

我知道还有许许多多关心我们的朋友，在这里再一次谢谢大家。

谢谢各位帮她集气，你们的鼓励与热血，真的帮助到了我们。我也会带着热血进行我想做的事情，也希望每一个留言的朋友，能知道你们真的帮助了一个人。

希望这份热血会一直持续下去，因为我相信不只我们，还会有更多需要你们帮忙的朋友。

一起加油！

秋末，1996 年，距离我们大学毕业还有一年，为了拍毕业纪念册的照片。我提议大家都穿着西装在校园里面拍照。

因为电机系的我们，平常都穿着烂糟糟的系服和短裤，但将来有一天，我们一定会穿着西装衣锦荣归。所以不如为了那一天预演一下，于是我们就拍了。却没有想到，十五年之后，并不是如同我们所想象的一样。

去年，中原大学的毕业 MV 在网络上获得很多网友的支持。这个 MV 叫作“下一站的梦想”。

影片的故事是从男女主角在同一站下车，却彼此擦肩而过开始。下一个画面就是两人拿着行李，怯生生地来到一间四人的学校宿舍……

（呃，当然是各自的宿舍。这影片里面男女主角连握手都没有的。）

坐在电脑前的我，忽然在那一瞬回到了多年前的时空。不同的大学，同样拥挤的宿舍，夏天一到热得难以想象的温度，你根本没办法想象自己可以在那边待四年。

但我错了，我不只待了四年，还延毕读了第

下一站_

你不能控制代表人生的这辆火车停多少站，每一站停留多久。但你可以控制自己在这一站创造了多少梦想，留下了多少遗憾。

五年。

同寝室的室友，有人去年才取得斯坦福大学的电机博士学位，在硅谷工作；也有人从毕业之后就此消失，再也没有出现在我们的生活中；更有人毕业多年以后交了一个小他十二岁的女友，然后过不了几年又分手了。

（是的，我记得就是他，当年把毕业纪念册乱做，在我追妹的时候他一直来闹，不禁很高兴地说这是报应，哈哈哈！）

也有人大学四年都和同一个女友睡在同一个寝室里面（没错，我说的是男生宿舍），毕业之后第二年带来的老婆却是一张陌生的脸，而我们都不敢问他到底是怎么一回事。

我也还记得某个周六早上六点被叫醒，因为同学痔疮喷血，只好开车送他去医院，这家伙现在也是三个小孩的爸爸了啊！因为他没来参加同学会，所以不知道他肛门是不是还像以前一样脆弱啊！

然后当你想要回头去挖大学时代常上的 BBS 的时候，才发现松涛风情这个站早就爆炸了，你大学时候写的那些跟图书馆馆长吵架，跟各校血战的狗屁文章全都不见了。

唉，我们大学时代真的干了很多白痴事情啊。

（就像九把刀这个没种的家伙，一直龟着不敢告白，最后女友就跟人跑了！而且还写了一部小说，拍了一部片告诉大家当年他是如何龟着让女友跑掉的！）

是啊，人生就是这么难以预料啊。

（没想到拍毕业照十五年之后，大家并没有都穿着西装，光荣地回到学校来，而是携家带眷的胖得跟什么一样，而且松苑上菜的速度依旧慢到让人肚子痛，我只好吃别桌的菜。）

我曾经到几所学校的新生训练营为大一新人演讲。他们之中有些人也许现在已经快要毕业了。我只想跟他们说几句话：

人生很多时候，就像是坐火车旅行一样，只是你必须每一站都下车，去尽情享受当地的风土民情，时间到了，你就得要回到车上，继续往下一站前进。

高中这一站你会出站三年，那些你以为永远会在一起，永远不会分离的朋友，也许只因为下的站跟你不一样，从此就再也没有机会联络。

大学这一站你会出站四年，当你刚下车的时候，你会跟我当年一样，觉得四年就好像一辈子一样地久。但其实转瞬之间，你就得要回来上车了。

火车一定得离开，你也一定得上车；**你跟别人人生的唯一差别，就是你在这一站留下了什么。**

一旦时间到了，你就必然会坐上火车，再也不会回到这个地方。

你不能控制代表人生的这辆火车停多少站，每一站停留多久。**但你可以控制自己在这一站创造了多少梦想，留下了多少遗憾。**

相信我，在人生的那个当下你觉得痛不欲生，觉得毫无可能度过的折磨，多年以后看起来，不过是可以哈哈一笑告诉自己儿女的精彩故事啊！

（或者你觉得将来绝对不可能会变得那么胖的好身材，终有一天也会胖到让大家认不出十五年前的照片是谁啊！对啊，这不是我，是谁啊？）

被欺凌的人要负责吗？

我们应该
替那些无法保护自己的弱者
挺身而出。

不久之前，我在主持某个深夜广播节目时，讨论的主题是校园欺凌。当晚的热线非常繁忙，几乎一整晚两小时都没有停过。

第一位打进来的王先生，可能是引起后来那么多讨论的原因。因为他觉得被欺凌的人也必须要负一些责任，因为他初中时班上那个被欺凌的人，从来不愿意吭声，从来不愿意反抗，所以大家就做得愈来愈过分，下手愈来愈重，甚至把他的课本都拿去蒸便当的机器里面蒸了，他也不吭声。

所以他觉得这些被欺凌的人一定是穿着弱者的外衣，不愿意反抗，或者本身人格有问题，才会落得如此下场。

我花了很长的一段时间跟他沟通和解释，告诉他如果没有站在弱者那一边思考的话，他可能永远也没办法理解这样的角度是偏颇而且不完整的。

因为我也有过类似的经验。我

上初中的时候，班上有一个人常常被欺负。但他从来也没有反抗，因为他没有办法反抗。他只有一百公分高，可能是发育不良，可能是侏儒症，但我们那时没人知道。

他长得跟我们大家都不一样，但他的行为并没有什么特别的地方，他并不特别招摇，也不特别招人怨恨，当然更不可能对别人构成任何威胁。不过，你也知道，在初中那个残酷无比的环境中，与众不同就已经足以让你永世不得翻身。

更别提他还有一个很糟糕的老爸。喔，不对，这里的糟糕，意思不是说他爸爸没有修养、学历很低，或是作奸犯科之类的。相反，听说他爸爸是个教授，每次家长会的时候都会大放厥词的那种教授。

他爸爸会告诉大家，我儿子很聪明，可是学校的功课实在太少了，没有办法，只好让他不停打电动。

然后家长们就纷纷表示这样不太好吧，学校出的功课竟然不足以让学生好好准备，恳请老师多出一些功课，多要求一下同学。

你能够想象在一个初中的班级里面，如果你爸爸导致全班的功课被增加、小考的次数增加，你会有什么下场吗？

没错，他的书包会被藏起来，便当会消失不见，桌上会被乱画一些乱七八糟的东西。有时周记还会被同学偷走，检查他爸爸有没有什么新的意见，会再让全班跟着一起倒霉。

我没有参与这种行为，但我也没有为他多做什么。

只是在这样的事件里面，你觉得这个身高不到大多数同学腰部的孩子，能够怎么反抗？你觉得他应该要为他爸爸负担什么样的责任？初中毕业之后二十年，我依旧无法回答这个问题。

我只能引用在《军官与魔鬼》一片中，接受长官命令动手教训部属，却造成意外死亡的士官与士兵，在经历重重辩护和逆转之后，他们的直属长官最后被定罪，而这两位陆战队员依旧因其行为被判有罪时，低阶的士兵觉得自己只是服从命令，因此在片尾所提出的最后对话：

士兵：我们做错了什么？我们没错啊。

士官：不，我们错了。我们应该替那些无法保护自己的弱者挺身而出。我们应该要替他挺身而出的。

蜜枣与小农夫

两年多前，我在博客上介绍过一个比我年轻很多的农夫，余丰诸。

他只有高中毕业，也做过几样别的工作，但为了照顾父母而回到家乡去。不过他还是想要读大学，也还是想要交女友。

可是我们这个社会似乎不给农夫机会。他说他在和朋友的聚会上一提到自己是农夫，举座都露出轻蔑的表情，仿佛当农夫是罪大恶极，当个公务员就比较高尚一般。

那娶外籍女子呢？余丰诸觉得这好像是挑那些弱势者来复制农夫的命运，他不愿意。所以，他只好继续过着一个人的、很辛苦的农夫生活。

我们欠他的是整个社会对于农业政策的轻忽，和过去那么多年对农夫的不敬重。

而且农夫的收入并不稳定，随便一个天气变化，就足以让他们一整年的辛苦全部泡汤；所以他农暇之时，还会去兼做一些水电、粗工，贴补家用，忙起来可能连睡觉的时间都没有。但至少可以有一些额外的收入贴补一下。

批发市场里，因为农村年轻人力外移的关系，他成了最年轻的农夫；但是老是跟这些阿伯们混在一起，一样无法结识其他的年轻人。

在拍摄他的纪录片中，提到了感情生活，但他只是无奈地叹口气，摇摇头，因为他不知道当农夫的他，能够追求什么样的对象。但他又不愿意用歧视的眼光，用买卖的方式，找一个外籍新娘当作自己感情的出口。

当年我写这篇文章的时候，跟他一样交不到女友，我还定了好几箱他的番石榴，当作阿宅们抱怨交不到女友投稿的比赛奖赏。（我还记得第一名的人说他前女友后来爱上另外一个女生，把他给甩到一边，当时获得几乎所有人的投票支持，一致认为这故事太悲惨，应该送他一箱番石榴好好补充维生素 C。）

但两年半之后，我已经结了婚，儿子都一岁两个月大了（而且还每天半夜把我叫醒，让我睡不好觉），我忽然想起了小农夫余丰诸的故事。我不知道他是不是已经交了女友，我也不知道他是不是回去读了大学，Google 他的名字也只能查到他似乎开了一个酱园，资本额是少得可怜的三千元。

于是我设法与他联络，看看有没有什么东西可以买的。他说这次因为台风的关系，虽然有蜜枣，但是卖相很不好看。一等一斤一百元，二等一斤八十元，三等一斤六十元。而一箱是十斤。

我实在很想告诉他，根据我的网络营销经验，一次卖十斤太多了，很多人没办法买，应该要举办试吃活动，然后找人发起团购，让家庭主妇们或是办公室的秘书总机小姐们，知道吃蜜枣对皮肤有多么好，然后架个网站，贴个博客，多用几个关键词广告，然后你就可以成为台湾蜜枣界网络营销的霸主了，哈哈哈。

然后我想起了他满头是汗，在太阳底下包着番石榴的身影，还有他说因为所有时间都必须照顾果园，没时间做什么网络营销的表情，我就把这些话都吞下去了。

我们欠他的是整个社会对于农业政策的轻忽，和过去那么多年对于农夫的不敬重。

我的人生干你屁事

这世界上有些人真的超爱管闲事的，而且他们所管的闲事是最不应该管的——别人的人生。

“哎呦，你读到研究所了为什么不为国效劳，竟然每天只是上网，这样不是太可惜了吗？”“哎呦，你条件这么好，怎么不赶快去交个女友？”“哎呦，你看你们家小孩就是书读太多了，所以都没有结婚啊，真应该听我的！”

这类的关切让人只想要回四个字：“干你屁事！”

路见不平，拔刀相助当然是很好的事情；看到有需要的人，挺身而出帮助他们，也是很好的事情。但站在一旁对别人的人生指指点点，这绝对不是一个有正常人生的人做得出来的。

这些喜欢插手他人人生，并且一点代价都不愿意付的家伙，大概有几个特征：第一、通常他们的人生极端失败，极端不快乐。因此他们会误认为可以借由圆满别人的人生而获得快乐。事实上正好相反啊，自己如果过得很快乐，哪有时间管别人啊！

第二、通常他们的能力极度低，什么也不能控制，最后只好出一张嘴，想要证明自己的能力。想想看，如果真的能力那么强，那理所当然应该赶快去管好自己的人生，哪有可能没事就先跑去管别人的人生哪？

第三、正因为这些人的人生失败，能力又很糟，所以导致人缘也不好，因此会产生很多空闲时间。所以一旦他们决定要介入你的人生，你就会不停看到他们的身影出现在你周围：白天念一念你，晚上念一念你，中午休息时间还要坚持念一念你；但他们所有能做的事情都是一点用都没有的，除了拖延你的人生和消磨他们没什么意义的人生之外，这一切都是人生的浪费啊。

所以，当你下次遇到这类想要干涉你人生的家伙时，请记得不要客气，及早说出那四个字："干你屁事！"

所以，当你下次遇到
这类想要干涉你人生的家伙时，
请记得不要客气，
及早说出那四个字：
"干你屁事！"

气球达人陈奕伟

CASE 02

我的婚礼中最主要的一个视觉布置就是奕伟做的，那是一个阿宅反抗军的气球墙，用了大概两万颗气球组合起来的。

我看着他跟工作伙伴们专注地把气充入一颗一颗的气球中，很难置信几十小时后，那两万颗气球会变成阿宅反抗军的 LOGO。

但即使这么不能想象的事情，只要有耐心一颗一颗做下去，它就是会成功的。

许多年前我遇到的奕伟，就已经是那么积极主动了。当然我不知道他后来接受《商业周刊》访问的时候，说了那么多他小时候的故事，我也不知道他的家庭状况并不是那么富裕。我只知道这个眼前的男子，很乐意教导我们如何做造型气球，即使只有几个人来到现场，他也没有丝毫的不耐烦或是失望。他只是拿出一颗颗还没有吹起来的气球，就这么开始示范。

气球，就是这样一颗一颗吹起来的。梦想也是。

人生的梦想不见得是一瞬间得到的。也许市面上很多书籍都告诉你谁谁谁从小就立定志向，经过一连串朝着既定目标努力之后，终于获得老天眷顾云云。

但真相其实不是这样的。大多数人追求梦想的时候都是跌跌撞撞的，甚至不见得是因为你哪一项表现很好而出类拔萃，反而是因为你某些能力不够强悍，只好寻找替代方案。

但这样跌跌撞撞的摸索，依旧是追求梦想啊！谁说你一定要闪闪亮亮像个白马王子一样，才有资格被称作追求梦想？

当然不是！只要你愿意，随时可以从泥泞中爬起来，一身脏兮兮的继续追求梦想！至少你现在已经确定其中一条路对你来说是一片泥泞，你也学会了爬出泥泞的方法，你变得更强了！这有什么不好！

陈奕伟：

“没有什么职业跟业余的分别，
只有专业跟非专业的差别，那就在于你的用心程度。”

虽然我现在比较擅长说话了，可是以前我其实很害怕说话，讲话会结巴，不知道怎么应对。

大学刚进社团的时候，我什么都不会，后来看到学长他们做很多气球给小朋友，根本不用讲话，他们就自己聚过来了。就觉得这个方法还不错,也蛮适合我,是一个很好的媒介。

那时候大部分的人都是一样想法,就是大学毕业后到底要做什么,我想做的跟我念的是不是相关,对当时的我们来说,其实大家都有点在混文凭。我也不知道我能够做什么,领队、导游、行政助理,或者办课程活动,什么杂七杂八的我都做过。可是我发现那些好像都是皮毛,并不专精。

有一次,一个玩魔术的朋友约我去淡水街头卖气球,我记得那时好像是二月中,天气还蛮冷的,不过两个小时就赚了大概三千二百块。我们觉得这生意好像不错,就说下个礼拜再来。

结果这次站了一个晚上,只赚了三百块。之后才知道,上一周是情人节,这是我没有考虑进去的因素,卖气球其实还是有气氛环境和它的季节性。

在街头贩卖其实很不稳定,我就先找了一份助理的工作,薪水很微薄,然后每天回去后就上网找资料。台湾这一类的资料其实很少,几个认识的前辈大哥,建议我到国外的网站去找,于是我找到美国的网站,到现在还是最大的气球社群网站，上面有很多资料，我看得很惊讶，原来气球可以玩到这个程度！气球是怎么做成那种25米啊、50米这样的一个造景，太不可思议了，远远超出我的想象。

之后我就开始临摹，一直不断地做、不断地做。这样前后大概有半年，我每天最少用掉两百条气球。那时候还得考虑到经济的因素，做完要拆掉再用，还跑去气球公司打过工。

在2006年的时候，我跟前辈一起去日本观摩气球造型比赛，我个性很不服输，看了以后就有一把火烧了上来，觉得其实我们也可以，虽然说人家比较强，可是我们并不是没有进步的空间。刚好到下一次比赛有一年的时间，我就准备报名了。当时很多人听到我这样讲，都问我说："你可以

陈奕伟参加2012意大利BICA大赛的参赛作品

吗？”他们觉得即使你得了名次又怎么样，又不能改变生活。但我觉得，反正我什么也没有，就去尝试看看嘛。

那时候有三个朋友借我钱，大概一万五，再加上我自己的存款，又在打工的公司预支一些薪水，就去日本参加比赛了。真的很感谢那几个朋友，他们借我的钱没有很多，就是一个人五千块，可是对当时的我来说，非常足够。

结果我得了第一名。第二年我又到波士顿去参加比赛，又拿到了一个中型作品的第一名。所以我常常跟我的学生讲：没有什么职业跟业余的分别，只有专业跟非专业的差别，那就在于你的用心程度。

我的下一步，是打破世界纪录。我先前在新加坡，帮他们做了一个很大的气球博览会后，就已经跟当地还有东南亚一些华人地区的朋友，说出了这样的宣言：只要哪个地方想打破世界纪录，我愿意无偿帮他们完成，我自己买机票，出材料费。所以我下一步的动作，是希望能够打破现在世界上保持的最大的气球作品。

新加坡世界纪录挑战成功作品（守护者）

哈尔滨松雷商城儿童节布置作品

许多人经常会问，梦想必须要付出什么代价？这些提问的人期待的是一个抽象的答案，但我却认为，这是可以很轻易地算出来的。

看看奕伟的做法，他为了练习艺术气球，有整整半年的时间，下班之后就是不停地临摹，一天至少用掉两百条气球，为了省钱，在可能的范围内还要拆掉，以便第二天可以重新使用。

你算一下就知道了。一百八十天，每天两百条（吹起来之前气球都是一条一条的啊！这样称呼比较传神），就是三万六千颗以上的气球。而且这只是最基本的半年磨练期间，就用掉了这么大的量；再加上每天至少三小时的练习，五百四十个小时的投入；这不过就是追求梦想的道路中必经的一段练习而已。

所以，有很多人来问我，要怎么确定这是不是自己的梦想，我通常都会告诉他：**很简单，去做一万次就好了。**

你不做一万次，怎么会知道这是不是你真心想要的事物？不重复磨练自己，你怎么会知道这是不是真正适合你的方向？一万次，也不过就是一天做三十次，连做一年三百六十五天而已啊！

如果你连这种最基本的代价都不愿意付，那就不要谈什么梦想不梦想了。这世界上从来没有能不能，只有想不想啊！

在这篇文章下笔的时候，陈奕伟已经在新加坡完成了挑战世界纪录的作品，而且已经通过认证，成功刷新世界纪录。

你说我相不相信他会创下世界纪录，我当然相信啊！

为什么不？

Part 3

梦想是什么，能吃吗？

“就算全世界与我为敌，我也不会逃避，
我要的不只是爱你而已，
我要让所有虚伪的人都看清自己。”

——陈绮贞

Email 12

我要做“一个人，三颗心”的旅行

FROM **古玥**

朱大好，我是一个二十二岁的退伍军人（大学长好！），本身当了四年的职业军人，目前正在准备考大学。

先感谢您百忙之中，抽空看我的信。

十四岁时，母亲离婚，我必须提早进社会工作，半工半读完成自己的学业。毕业后因为家里钱还是不够，所以决定去当职业军人（大部分从军的人都是因为钱，因为钱比较多）。

一路跌跌撞撞，从懵懵懂懂到稍懂人情世故，这一切的颠簸看起来似乎都值得。

是这样吗？不，其实这都是屁！

我很羡慕有人家庭和乐,有人能读日校,有人能谈恋爱。为什么要在内心还不完全成熟时接触残酷的社会?

我最喜欢的是画漫画,虽然深知自己没有天分,但仍拼命地画,一个动作画不好就画一百遍,一路走来,难遇同好(因为环境的关系),但仍始终如一。

退伍后,人生都不能掌控的我,做了两件事。

原本退伍后,我打算参加大学招考,毕竟当兵四年的目的就是赚学费。所以原本预定每天窝在家里读书,有必要也想去补习班。

但是,我却做了一件旁人都认为极蠢的蠢事。我选择先完成我母亲的梦想——写小说。

我母亲六十几岁,她辛苦一辈子抚养我长大,她最大的心愿是出一本小说,写了好几年,一直有个构思,现在她觉得自己年纪大了,希望我能帮她完成。

原本希望能在考完试后再帮她写,但后来想到,我仍然要出去工作,有时间写吗?

我听过朱大你说,想做一件事会找方法,不想做的事会找一百个理由。我知道有很多人能挤出很多时间,但我很愚笨,一次只能做一件事。

所以要做就要做到底。

我想起了母亲养我的辛苦,她的身体一直不是很好,一年前差点病逝。几经考虑后,从没写过小说的我,很笨、很蠢地选择写小说,延伸母亲的构思,完成她的梦想。

就算最后要用我存的钱(原本打算当学费)自费出版,也要让母亲完成她的梦想。

我写了十万字，还没写完，但已投稿“接受未完成作品”的出版社，毕竟这是个机会。我对自己说，哪怕我小说不行，我的画画也只是场空，就算最后去卖鸡排，我也要当上台湾第一。

第二件事情，我的英文老师的女儿去世了，疑似医疗疏失，目前正在走法院程序。

英文老师是一个非常乐观的人，但再大的乐观都无法撑过丧女之痛。

在这几个月，我尽量陪伴她度过每个悲伤的点滴。但是她仍然十分悲痛，健康状况愈来愈差，甚至活不下去。

老师的女儿是个非常善良的人，永远只想到别人，为了家庭她也牺牲很多（她家也是单亲）。她最大的希望，就是能跟老师出去走走。

有时候，人会做一件很不合逻辑的事，有时只是一个想法，一个热血的瞬间。

我想要带着她女儿的照片，从基隆徒步走海线到鹅銮鼻，就决定在我考完试，把剩下的小说写完后（预定六月份）。

我其实也很迷惘，对于一切，对于人生，其实我从没做过选择，每个选择都是情势所逼。

但今年，我退伍了，我有时间，也存了一些钱。原本是想做自己规划已久的事情（读书），但后来发现，我的人生只有如此吗？

我也害怕被人说不切实际，不会成功，不会为未来打算，把辛苦存的钱当流水花（自费出版跟背包客要花不少钱）。

但朱大你说，**梦想不是一定会实现才去做，而是因为它值得去做。**

我不只一个人，我还带着老师还有她女儿的心愿，记录每个风景的点滴。

这是一个人，三颗心的旅程……

我知道很多人都会轻视别人的梦想，哪怕99%的人都不看好我，但只要有那1%的人懂得，这一切都有意义，因为这是信念的传承。

我要跟大家分享生命……

有时所付出的代价未免太大，我至今从来没有一天觉得，这种逼促与交换是值得的。也正由于代价太大，我们只能尽其所能地去升华生命，不然那不平衡的落差，会让人更无法忍耐。

请为我加油！哪怕只有简短几个字！

朱学恒回信

因为你的梦想是当漫画家，所以我请最近刚得了一个漫画大奖的漫画家回答你。他叫章世炘。

Lucifer

这张照片是他从五专开始投新人奖到现在用掉的墨水瓶。

TK章世炘回信

写信的朋友你好～

经由朱学恒老大的转载看到，也看完了这封信。

以下是我自己想传递的一点简单想法，希望能对你有些许帮助！

我目前是一个长篇漫画连载的漫画工作者，虽然没有像你那样遇到家庭生活上艰困的际遇，但在人生规划上，也经历了类似的抉择。

五专以前的学生懵懂时期，因为知道自己会画也喜欢画，所以持续不断地摸索，当时并没有远大的抱负，纯粹只是兴趣。

面对升学和就业的考虑时，决定选一个较有发展性的牙科技术医专就读。但毕业之后，马上面临和你一样的状况，“我的人生就只是这样吗？”

经过几次漫画比赛后我确定了，我就是想画漫画！

我也确实明白梦想不是用“安稳和可见薪水”就能敷衍而随便交差了事的！画漫画虽然危险，但真的是我这一生想尝试的路。

到现在有幸成了正职，并且顺利连载出书。你听到这里，会感觉好像一帆风顺，一切水到渠成，安稳而无忧。

其实并没有！

就算顺利开始连载出书，只要读者反应不佳，我立刻会被停掉作品成为无业游民。到现在就算出了几本书，我仍然是走在一条极细的钢索之上，随时会消失而跌得粉身碎骨。但即便状况如此，此刻的我却感到无比踏实!

这股踏实不是因为稿费,不是因为读者的鼓励,也不是因为画漫画,而是单纯地因为我选择了“诚实地面对自己”。这是我最想传达给你的一点。

看完你写的信,我想说的是:

梦想可以大,但不要想一次就要全扛在肩上!

世界第一,或是做了抉择就一切成定局之类的束缚,请用力丢掉。

一块石砖诞生时,不会预先知道自己最后会变成金字塔或是路边的下水道。但当下可以确定的是,石砖自己一定要先“坚硬”才行,不然一切后续都甭谈。

你写的出书和为了达成心愿的旅行,不需要一定要有什么成果或代价,因为这些都只是让你变得“坚硬”的过程。

只要不是作奸犯科,只要不是会危害到自己生命的倾家荡产,我会建议你就放开心去闯!

回过头来说,资金当然要预备以能活命为前提,除此之外,既然你想选创作这方面的路,就请别想自己付出多大,回馈会如何之类的。因为这条路答案只会有两种:成功就是赚,失败就是归零。

不管写书或者画画,就算失败也不会是世界末日,只要你有料,就算一天洗碗十小时赚吃饭钱,八小时睡觉吃饭,也还有六小时能锻炼画画写作甚至参赛。一定会有办法!

就算真的不行，最后只能从大厦管理员，或者从便利店大夜班重新开始赚钱，也不代表你从此没有机会再次挑战人生，这一切都只是“心态”和“选择”的问题。

我选择了挑战自己的梦想，所以我很能理解你心中那股热流的分量。

而我的提醒只有一个：

不管是挑战职业，不管是传承信念，无论值不值得，这都是你的“冒险人生”，只要不会牵连他人也要“赌上人生来冒险”，那就一切都可以尝试。（譬如绝对要避免让你母亲三餐不济之类的。）

自己的人生，只有自己能负责。

如果我的意见对你能有点帮助，就真的太好了！加油！

TK 章世炘 2012 0510

朱学恒回信

TK 讲的话,跟我要讲的话不一样。

我会替你加油,但不是这次。

你要做的事情并不是你人生的梦想。这是你人生的责任和人生的冒险。

人生有些事情必须经历,才能够让我们做好准备。

人生之中有些冒险必须完成,才能让我们没有遗憾。

快去完成这些你人生的冒险和任务吧。去吧去吧去吧~~~

等到你完成这一切,开始追求梦想的时候,到了那时,我会替你加油的。

Lucifer

Email 13
什么是坚强？

FROM **阿谦**

朱大，你好，

我想问的是：

1. 什么是坚强？

我认为我一点也不坚强，但是在大家眼中，我很坚强，从小我朋友都说我有“不屈不挠”的精神，但是我不觉得，我一直遭遇失败、挫折，在我的成长中并没有所谓的顺遂，只有跌倒，爬起，再出发，往往跌倒后我都想要放弃、想逃避，但是现实却不允许，只好勉强自己继续撑下去。所以我一点也不觉得我坚强 …… 我认为我只是穿了一身名为“坚强”

的铠甲,并不代表真的坚强,所以我很疑惑到底什么才是坚强……

2. 为什么我常觉得孤独?

我觉得我的想法跟同学或朋友有一定的不同,我的同学或朋友很多都不知道自己在做什么,当我开始往前迈进时,他们仍然在原地踏步,我们系的前系主任曾说:**"宁愿去做你觉得有意义的事,也不要什么都不做。"**

我觉得很有道理,但是我的朋友们却依然不知道要做什么,感觉每天浑浑噩噩,什么事都没有做,什么目标都没有追寻。当我开始追寻梦想、理想、目标,努力前进时,他们仍在原处,我跟他们渐渐没有话题,我们开始不能理解对方,我开始觉得孤独……

我有很多梦想。

近期目标是考上"中央"统研所,在高中时期我的恩师是"中央"大学毕业的,所以我很想去"中央",但是指考不利,大学没考上。因此在研究所时我想考中央,去那里体验当年我恩师所感受到的气息。

再来我想要"骑摩托环岛",也许是个很蠢的梦,但是对我意义非凡。骑摩托是一种很有趣的运动,摩托并非只有代步的功能,它拥有很多娱乐性质,我喜欢骑着摩托感受风在我身边划过,用身体去感受在道路上的一切,去感受台湾的每一个县市的空气、气味,去感受大自然中的气息。

上个暑假我已经征服苏花公路了,明年寒假,我将整理好行李再出发，这次的目标是环完台湾，去看看台湾各地的风俗民情，用摩托用双脚用双手用双眼去看看台湾、看看自己的家乡！

在未来的某一天，我更希望我能骑上 CB400（一台 HONDA 的黄牌车[①]）再去环岛，去看看台湾跟我大学时期的台湾有什么不一样。试想，哪天你儿子问你："你了解台湾吗？"你可以很自豪地说："虽然我不是非常了解台湾，但是我环过台湾，去过台湾每个县市。"对我来说了解自己的家乡远比去国外旅游来得重要！

其实我一直有一个很大的梦……我想当教授，一个骑摩托去上课的教授（说不定是最潮的教授 XD）。从初中时我就想当教授，我认为把一个人教会是一件很有趣的事，当时我就认为要教就要教最大的，所以我要当教授！到了高中，因为多了现实因素，教授有"高额"薪水（兼具现实与梦想的工作），因此我更想当教授了。到了现在……我发现把完全没念书的同学拉到六十分过关，有莫名的成就感，更加深我想当教授的决心了。

① 黄牌车，指排量大于 250cc，小于 550cc 的重型机车。

朱学恒回信

其实所谓的坚强,就是不要随便倒下啊,**坚强就是即使只有孤身一人,也要继续完成自己的承诺。**

你有那么多梦想,其实你真正需要知道的只有一件事情,那就是梦想并不是给别人看的,梦想也不是为了要讨好别人才有的,当然梦想更不是为了要炫耀给别人看才有的。**梦想是先为了自己,照顾好自己,才能够追逐的目标。**

如果你能够有朋友一路相伴追求梦想,那的确是很幸福的一件事情。但这并不是常态,这是奢求。

追求梦想的道路上很多时候都只有孤独相伴,因为梦想是由于你人生的独特因缘际会所拼凑出来的方向,要找到能够跟你一起同行,持续走在属于你的梦想之路上的伙伴,真的太困难了。

所谓的梦想,就是因为它如此之好,如此专属于你,让你愿意挺身而出对抗全世界;这才是真正梦想的考验啊!

如果你还要考虑值不值得牺牲,愿不愿意冒险,那多半就不是一个能够伴你走过一辈子的梦想了吧!

至于当教授,那就要多加油啦!这是少数绝对看重学历的一个工作,所以你恐怕不只得在学业上努力,而且还得要付出比现在更多十倍的努力,才能在学业上取得领先的地位,进而跨过当教授、为人师最基本的门槛喔!

加油吧!

Lucifer

Email 14

当平凡人就比较没出息吗?

FROM **怡琳**

朱先生你好,我是国贸系三年级的学生,最近上课发生了一段小插曲,真的是一段小插曲,但不知道为什么一直让我耿耿于怀,想来想去,也想听听你的看法,所以我就斗胆来提问了。

我们有一位教营销企划的讲师,平常上课就非常喜欢讲述她个人的学习经历有多么精彩,以及自己开的公关公司有多么成功。

我承认,我不太欣赏这老师那种很爱讲自己年轻武勇传的态度,但也不得不佩服她的市场观察实例,有时候分析起来非常生动有趣,所以其实很多同学都很喜欢她的课。

那天她突然提到,她在夜市遇到自己以前的大学同学 (还是当时的班花),她描述她好朋友的样子:穿得好随便,手里还拿着烤串,跟先生一起边走边吃边逛街,都让她认不出来了,整个就是家庭主妇的样子了。她都不知道该不该跟她打招呼,还是她朋友发现主动过来。

老师说,她很庆幸自己没有变成她朋友的样子,因为她实在不能接受自己就在一个小地方这样平凡过一生。

然后她告诉我们全班:现在就是我们的关键时期,我们可以决定自己将来是要在夜市穿拖鞋逛街,还是变成像她这样的成功者。

当然,这样一对比,大部分同学的反应,几乎都一面倒地讪笑这个班花的下场,能像老师这样变成大学讲师,又开公司,当然比平凡的家庭主妇好得多。我也不例外,我自己听到穿着拖鞋,手拿烤串那段,还皱了一下眉头。

但我就是觉得哪边不对劲,老师形容这件事时的表情,给我的感觉就是 (在台北) 商界成功人士比较高级,(在南部) 当个平凡人就比较没出息。为什么会有这种优劣感呢?

我如果选择了在乡下当个平凡的家庭主妇,就比较没有出息吗?我辜负了父母栽培我的学费吗?对人生的定义不应该这么狭隘吧?

总之我就是觉得不服气,但又不好意思找同学说,我其实觉得老师的朋友,能在假日跟先生一起逛夜市也挺幸福的啊,有什么不好的?

朱学恒回信

其实梦想本来就没有高低之别，有高低之别的是人心。如果你对于自己的人生满意，看到其他人的满脸笑容，自然可以轻松以对，因为你自己的内心是圆满的，是幸福的。

但如果你对自己的人生不满意，时时刻刻都在怨叹自己可以有更好的选择，那么你也就只能用歧视别人的幸福，来满足自己的虚荣心了。

所以，追根究底讲清楚一件事情，如果你今天过得幸福无比，美满无双，那么你哪还有时间对别人的人生品头论足、指指点点？

如果说这位老师的行径可以带给你什么教训，那就是一件非常简单的事情：**永远不要为了他人的眼光而定下自己的梦想。**

因为你永远也没办法满足所有人，从而你的梦想会变成只能靠着他人的肯定、他人的支持、他人的赞赏而活；这样你和

寄生在社会主流价值下自我安慰的寄生虫,有什么两样?!

很多人辛苦一生,是为了能够自由自在地穿着拖鞋在乡下的小夜市逛街,如果你现在就做到了,自己又过得很满意,那有什么不好的!(握拳)

Lucifer

Email 15

要如何找到人生目标？

FROM 梅瑾

朱先生：

你好，我在学校担任辅导老师已经二十几年了，看着学生的面貌，从以前一律清汤挂面的羞涩到发禁、制服解除后的活泼灵巧，感慨很多。

很多人说，现在的孩子真好命，不像我们那个年代，经济差、选择少。其实在我看来，现在的孩子虽然条件比我们年轻时好，不过，他们遇到的挑战和内心的迷惘，并不会比较少。但是，得到的指引却很少。

可能大人也在迷惘中吧，把自己年轻时得不到的，全部加给孩子了。大家一味地鼓励他们大胆尝试、体验人生、探索世界……好像做到了这些，美好的事情就会发生，他们的人生就不会遗憾。真是这样吗？

最近有个毕业好多年的学生来找我，她已经在社会上工作六年了，还没有一个稳定的工作。

这个学生念大学时,跟着好友一起选了观光系,虽然她对这个系一知半解,但觉得自己还年轻,不妨去试试。毕业后,她到旅行社做票务,繁琐的细节让她很头大,想去饭店工作又欠缺外文能力,三个月她便辞职,先和朋友到 7—11 打工,打算边做边看。

打工赚的钱虽然少,却没什么压力,也就恍恍惚惚过了两年。家里也不催促她,总是说,年轻人嘛,摸索一下也是应该的。

直到聚会时,一些平常一起混的同学渐渐因工作不能到,她开始感到不安,却不知道该怎么办,便想去补托福,也许出国念个书会有不同的发展。不过,家里没办法提供学费。这时,亲戚介绍她到一家公司做行政助理,她想,这好歹也是个正职,就去做做看。做了一年她便辞职了,因为她发现自己实在不适合这么死板的工作。

这个学生非常受挫,问我说,她一直在努力尝试啊,人生怎么这么困难。

对这样的年轻人,我不知道该责备她或是安慰她。只是心里很想喊,所有大人啊,在你们努力鼓励孩子去尝试的同时,是不是应该先教他们怎么找到自己的兴趣与能力呢?

我知道朱先生对年轻人很有影响力,能不能请朱先生以自己的经验,来说说到底该如何找到人生目标?

朱学恒回信

梅瑾老师啊，你不要看我坐在这边不停写不停写，好像很乐意干涉别人的人生，其实我真的一点也不愿意对别人的人生指指点点啊！

因为我知道，如果我们介入他人的人生太多，迟早有一天会被责怪的。我记得有一个救生员朋友跟我说过，不管你多么擅长游泳，不管你的水性多好，永远不要接近那些死意坚决的自杀者；因为，没有人救得起那些不愿意被救的人。

不管我多么站在年轻人那边，多么想要替他们争取权利，但我也相信有些最基本的事情不能够代替他们做。因为我一直认为这世界上没有做不到的事情，只有不愿意付出的代价。

我们可以告诉她如何追求梦想，但没人可以强迫她坚持下去；我们可以告诉她如何冒险尝试，但没有人可以规定她一定要记取教训。

坦白说，你所描述的这个同学，我一点也不同情，一点也不想帮她；因为帮了也没有用。很容易看出来，直到现在，进入社会六年之后，她还没有意识到，所有的一切问题都在自己身上。

是她自己觉得旅行社工作很繁琐，所以离职；是她自己觉得反正便利商店打工也不错,所以当了两年的计时工读生;是她自己想要补托福,也是她自己赚不到学费和补习费,所以只能去当行政助理;同样地,也是她自己觉得太死板了而离职。

这一切的一切都是她自己的决定,而我就算抓破了头,也完全看不出来她的人生哪里有“努力尝试”这四个字。

一趟去南极的旅程,难道可以在上破冰船之前转身回家,也算是去过南极冒险了吗?要去穿越撒哈拉沙漠,却在看到仙人掌之后转身就走,难道也可以当作一场沙漠历险吗?

不管口头上如何强调自己认真,实际上展现出来的却是玩玩而已的行为,那是绝对没有任何人可以帮上忙的。

你用玩玩的心态对待人生,人生也会用玩玩的心态对待你。你不愿意认真面对挫败,挫败就绝对不会让你学到教训。

我们哪,是永远救不了那些不愿意被救的人啊。就让她的人生给她足够的教训,让她能够从跌倒中学习如何站起来吧。

Lucifer

Email 16

学历真的很重要吗?

FROM **小毕**

朱大:你好!

我二十二岁了,如果念书顺利的话,照理来说,今年应该大四毕业了。不过,大二那年,父亲失业,妹妹生病,家里经济顿时出了状况,我办了休学,先去工作。

虽然做的都是基层工作,但总是更多元的体验,不知道是不是这个原因,一年后虽然复学了,我还是没有心念下去。坐在教室里觉得很无聊,每次考试好多科挂掉,我干脆又办了退学。

那时候我念商科,那些经济、会计、统计什么的,都不符合我的兴趣。我比较有动力去学习的是英文。我现在每天上班前看一小时英文报纸,听一小时空中英文;晚上睡觉前用英文写日记,至于会话,只好自己跟自己胡乱说。我为自己定了目标,希望今年托业考试(TOEIC)可以考到750分。

我想,语言也是一种专业能力吧,学历高低有差别吗?但是,身边的人一直劝我回学校念书,他们老是说,没大学文凭,连第一关都通不过。不然就是说,如果没有大学毕业,即使被录用了,以后也升不上去。

听了这么多,我很茫然。回大学念书还要花三年,到时候毕业都二十五岁了,而且我得一边工作一边念书,我真的觉得好累。这笔学费对我来说,是不小的经济压力。

难道靠专业技能就没办法找到好工作吗?除了英文之外,我也可以去学多媒体设计、学营销课程啊,这些都是我有兴趣,而且负担得起费用的。

我想知道,学历真的很重要吗?我这样,难道就走不出一条路来吗?

朱学恒回信

去冒险吧，去闯一闯吧。

学历重不重要，要看你的信念如何。如果你觉得不重要，那就对全世界证明它不重要啊！

如果你觉得靠专业技能可以走出一条路来，那就走出一条路来！我完全支持你违抗既有的秩序和社会的主流价值观。如果你真的愿意为了这个理念付出和牺牲，那就不要迟疑、不要等待，努力地付出和牺牲吧！

我也不相信电机系毕业一定要做电机相关的工作，所以我努力尝试，努力冒险，最后现在的工作的确跟电机系没有很明确的关系。

但这样的冒险是因为我的信念，我相信这是比较值得、比较正确的道路。

所以，对我来说，就算比较孤单，就算毫无伙伴与我并肩作战，我也愿意为之奋战。

我是为了我生命的轨迹和方向奋战，但不是为了省钱、好累这些理由而做的。因为我知道要对抗社会主流价值，可能要花更多钱，可能会更辛苦，但这是我心甘情愿付出的代价。

但，你，愿意付出这些代价吗？你愿意过着更辛苦，过着为了自己的信念花更多钱、消耗更多时间的生活吗？你有让你奋战到底，与整个社会为敌的理由吗？

Lucifer

Email 17

只要人没死，梦想一直都在！

FROM **屋上的提琴手**

朱先生你好，

我没有什么远大的梦想，但我有很长久的兴趣。我是个工作十多年的普通上班族，工作对我来说，不过是混口饭吃，不饿死就好，我觉得真正精彩的，真正值得投注心力的是下班后的时间。

能做自己想做的工作，或找到自己的使命，这样的人很棒，我很佩服，但我只是个平凡人，做着朝九晚五的工作，生活只要稳定就好，这样才有余力去搞别的啊。

我从小喜欢音乐，但家里没钱让我学这么贵的才艺。我也很清楚将来不可能靠音乐维生(有没有才能是很残酷的)，所以这股遗憾就先搁着。

等我拿到第一笔薪水，我就去乐器行买下我人生第一把小提琴。我是分期付款买的，店员还不准我把小提琴带回家练习，说要等我款项缴完后才算真正拥有。这对话被老板听到了，大骂了那个店员离谱，然后很豪爽地让我把小提琴带回家，我到现在还很感激那位老板。

起初当然也被家人朋友取笑，说什么假高尚、装文青、浪费钱、吵死人等等，但说真的，学乐器让我找回童年的梦想，学习的过程很辛苦，但我甘之如饴（虽然邻居恐怕不这么想）。

几年后我还开了一场很小型的演奏会，朋友们都很惊讶我竟然默默地练习了那么多年。这项兴趣变成了我的珍贵资产。

你在演讲中不断鼓吹有梦想就要快去实践，但我也想分享，梦想这种东西，虽然因为现实环境暂时搁浅，但如果真的喜欢，没有遗忘，那梦想其实一直都在，等条件可以了，那就去实现了啊。说什么老了不行了，没那回事。只要人没死，随时都可以进行，不会来不及的。反而会因为重拾梦想而更加珍惜。

朱学恒回信

你很幸运。但是这世界上不是每个人都这么幸运的。

我曾经有一个朋友，是位很热情的初中老师，他跟很爱很爱他的女友结婚了。我还参加了他们的婚礼，真的是非常非常幸福的一对璧人。

婚后两人一起打拼努力，拼命存钱，因为想要赶快买一栋房子。我只要有机会到他们家附近，都会找他们吃饭，看看小俩口子晒恩爱的样子，仿佛我也会被两人的快乐给感染。

这位老师最大的梦想，是买一款性能不错的欧洲车，带着心爱的老婆一起去兜风。不过由于小俩口得要努力存钱，所以只能先开着一辆日系的小小房车每天上下班，把这个小小的梦想埋藏在心中。

但是不久之后，我朋友得了癌症。当

我得到消息之后，去探访他的时候，他已经没有力气下床了，我们言不及义地聊着，直到他无力地沉沉睡去。

一周之后他就过世了。

他在人生的最后几个月买了那辆车，却没有力气开车出门。他那个带着老婆出门兜风的愿望，再也没有机会实现。

人哪，永远不会知道自己未来会怎么样，你能够把握在手中的，只有现在。

Lucifer

大学生这样，该怪谁？

为什么我一定要读大学，
为什么我在高中的时候要过得这么不快乐？
为什么？

2009年11月10号《联合报》的头版新闻内容是这样的：

“学生也要敬业！”“中央”大学认知神经科学研究所所长洪兰，最近参与评鉴台大医学院，发现学生上课姗姗来迟，还在课堂上吃泡面、啃鸡腿、打开电脑看连续剧、趴在桌上睡大觉，“这样的上课态度，我们拿什么去和别人竞争？”

说老实话,这样的状况在大学中并不少见。要说这些学生没礼貌或是不懂得职场伦理都可以,但背后的原因没有这么单纯。

因为不到两个月前,2009 年 9 月 14 号台大开学典礼时,《联合报》的新闻是这样写的:

> 李嗣涔是病后首度公开谈话,他指出,台大这几年有一种不良的风气,就是早上第一节来上课的同学很少,因为同学晚上熬夜上网,早上爬不起来。他期许大一新人"早睡早起",记取"一日之计在于晨"明训,但台下学生还是抵不住瞌睡虫,睡成一片。

当然,同一则新闻有台大的学生说,是因为前一堂课下课太晚,来不及吃饭,所以只好买便当在课堂上吃。但我在企业演讲用的还是中午休息时间,工程师们都必须提早吃完饭再来参加,在听众中也不会看到有人带便当进来吃啊!

这状况绝对不是只发生在台大。如果你要用这些年轻人就是"烂草莓",承担不了压力,新世代就是这么软弱等等的理由去指责他们,是很简单的方法,但并不是真正的答案。

真正的原因很简单,在大部分的状况下,这些大学生来读大学并不是为了自己。

我一年的演讲次数大概有七八十场,听众约莫两至三万人,从高中生到上

“当你永远都把这些
拥有开创新局能力的年轻人，
当作跟你要糖吃的乳儿时，
你怎么能够给予他
足够的空间和尊重？”

班族都有。高中生听完一场生涯规划的演讲之后，多半最大的问题就是：“为什么？”

为什么我一定要读大学，为什么我在高中的时候要过得这么不快乐？为什么？而大部分的教育体系能够给他们的答案是，你就去做就对了，等你考上大学之后就知道了。

而大学生在听完一场生涯规划的演讲之后，他们的问题是，没有问题。因为高中没日没夜地努力，他们已经累了，之前所有人都告诉他们上了大学就会得到答案，而他们已经上了大学，应该要知道了，但实际上他们还是不知道。但应该知道却不知道是很丢人的事情，所以他们不敢问。而且就算问了又怎么样，毕业之后还不是只能拿两万二新台币？

现在大学已经不是一个生涯的终点了，每个大学生都挤破头想要去考研究所，所以他们都从大三就开始补习，补一整年的工数、电子学、微积分，感觉好像又回到了高中时代。但就算你考上了研究所，毕业之后的硕士起薪，现在是两万五新台币。

这些大学生牺牲了大三、大四两年可以玩乐的时间，又花了两年的时间读研究所，最后薪水增加三千元。平均努力读书一年增加底薪七百五十元。

如果社会的大环境是这样，赚钱和拥有更好的生活，已经根本不是读大学的重要理由时，又从来没有人认真告诉过你，为什么要读大学，谁能够挤出热情来读那些根本不明白为什么要读的课程，上那些根本不明白为什么要上的课？

当你永远都把这些拥有独立思考能力、拥有开创新局能力的年轻人，当作多年以前那个跟在你脚边，跟你要糖吃的乳儿时，你怎么能够给予他足够的空间和尊重？当你没有给他足够的尊重和空间的时候，他虽然表面上已经成年，身份证上也写着成年，但他有什么样的空间，可以展现他独立自主的能力？

如果我们的教育体系和整个社会，从来没有认真地给“为什么要上大学”一个答案，那这些不知道自己为谁而战、为何而战的年轻人，又怎么能够不睡成一片、吃成一片？因为他们宁愿自己在别的地方啊！

讲师课堂规范_

尊敬你的听众，
他们会以尊敬回报你。
对你的听众付出热情，
他们会以热情响应你。
感谢你的听众，
他们会以同等的力量感谢你。

大学生上课时应不应该吃鸡腿，这种厨师需要担心的事情，却变成媒体的讨论议题。虽然我不是厨师，但我的部分工作是演讲，在大家都在要求学生的时候，我也来分享一下我这个讲师的自我要求。

务必要提前半小时到达演讲场地：这是我自己也觉得很痛苦的一件事情，为了提早这半小时，考虑到交通时间，很多时候得要比正常出发时间还要提前一小时以上，以便把路上的干扰或是塞车都考虑进去。但这半小时可以拿来看看听众的状况，可以拿来测试器材的问题，可以拿来和主办单位讨论可能的变数。

千万别小看场地和器材：魔鬼总是藏在细节中。我的演讲事先都会给主办单位一张详细的列表，请他们填写详细的器材规格、场地的照片,甚至包括产品规格、投影机亮度、音响接头等等。坦白说,这么啰唆的资料造成很多单位的困扰。因为对他们来讲,平常邀请的演讲者都是来跑一趟就好了,并不会有这么麻烦的要求,但我们如果有机会的话,甚至还会派人去现场勘察。

尽量摆脱繁文缛节:同样地,我也是一个奇怪的讲者,除非确定有必要,或者是可以解决的问题都解决了,否则我绝对不会先到校长室或是长官办公室拜会。虽然很多人会觉得,来演讲一定要照顾好上级关系,才符合社会伦理。但我的逻辑很简单,我来演讲的优先目标是为了我的听众,并不会为了校长。反正超过一半以上的校长致词完就会回去处理公务,会留下来听的也只有学生,为什么要牺牲我勘察器材准备的时间,让学生可能听到比较不好的演讲?当然,我这样真的太不社会化了,可是,我真的觉得听众比大官要重要啊!

手机先关机:我如果站在台上演讲,我的手机一定关机。甚至当年我在老婆待产的状况下,也只敢做到把手机交给工作人员在旁边待命。而且,我得要说老实话,在我这么多场演讲中,敢当场接电话或是跑到外面去听的听众,多半都是教授。真正敢接电话的听众绝对没有那么多。但是教授啊,如果你们自己那么爱接电话,怎么能够要求学生上课一定要非常专心呢?

事先一定要跑过流程:说真的,大家不会天真地以为演讲中的每一个哏、每一个笑话都是临场想出来的吧?事实上,在不同的讲稿、不同的听众状况下，那每一个哏和笑话都要事先准备啊！你准备了什么题目问观众，就得要沙盘推演他有什么可能的答案，以及这些可能的答案下面你要怎么接哏？这些事先没有跑过流程，第二天就会一定出错的。

讲了这么多讲师的准备规范，其实这些东西都是一个站在台上的人应该要做到的，但是我们似乎太过要求台下的人，忘记台上的人也必须要尽到他应该有的义务才对。

但是说真的，演讲这么多年，我只有学到三件事情：

尊敬你的听众，他们会以尊敬回报你。

对你的听众付出热情，他们会以热情响应你。

感谢你的听众，他们会以同等的力量感谢你。

能学不能教的事情

只坐在那边，
期待可以学到如何有效地表达你的梦想和志愿，
而不能够站起来做做看，很抱歉，
我是帮不上忙的哟！

之前我在大学教书时，从过去的经验里面，我学到一件事情：有些事情能学不能教，有些事情能教不能学。

这堂课教的是媒体市场学，所以一切都先从沟通开始，而对这些学生来说，必须要从如何做一场有效率的简报开始。因为我看过太多台湾的教授，连自己都不会做简报，上台讲得零零落落，甚至还抓了个倒霉的学生帮他按电脑，整场简报印象最深刻的只有"下一张"、"下一张"、"下一张"，简报画面设计和内容更是无聊到极点，让人连听都不愿意听下去；这样信息和情报要如何传递呢？

认真地去找，所谓好简报的教学有各种来源，我采用了斯坦福大学的创业课程里面的教材、创投创办人的分享，来当作学生的简报启蒙。

但是这些教材的目的不是在于教学生，因为一场好的简报是没有办法教的，每个人都应该找到一种适合自己的表现方法，一种适合自己的简报设计方式；所有他人给的建议都只是范例、工具，要找寻出一种适合自己的模式，只能靠着多做、教练的引导和磨练，然后才能找到真正属于你的答案。这是能够学，但是无法教的事情。

所以我们连续做了好几周的简报练习，除了最基本的时间、字体和张数规范之外，其他所有的设计和呈现的模式，全都让学生自由发挥。一开始是从观察别人演讲的心得和分析开始，好让每个人可以从规则和示范中慢慢学习。

有的人天生比较擅长沟通，表达能力又好，擅长用说故事的方法解释题目，每一次都用自己的故事来切入，感性而又不怯场的表现，比起其他同学有着压倒性的优势，所以一开始他总是班上的最高分。

但是这种自我学习的模式有趣的地方就在于：当没有老师存在的时候，人们是会彼此学习的，你的简报设计如果够好，大家就会跟着模仿和追上来；你的模式如果是适合自己的感性，其他擅长用理性模式的同学，就会想办法用不同的特色超越你。所以，慢慢地，原先一开始最厉害的同学，渐渐地被其他不同表现模式的同学给追了过去，他的分数再也不是最高，而是有其他种类的呈现模式可以跟他相提并论了。

班上有个同学我一直很不放心，因为她的简报模式一直不太稳。一开始她用简单的线条和圆点来做简报，非常有创意，让人很期待她的潜力，但是后面几次她的简报模式开始动摇。一般人都是锁定一个模式之后，就继续往上改进和修正，但是她的模式一直在跳动，其实不太有助于长时间的进步。

所以某一次当她用小画家制作成果，图片上还有修图不干净的黑点时，我只能很直接地告诉她，如果这不是设计感，那就是制作不用心和不进步。

因为这是缺乏自信心和找不到自己的定位,**自信心是可以教但不能学的事物。**

隔了几周,在每个人都要上台报告"说自己的故事"的题目中,她整场简报用的都是自己手绘的图片,说的是一个被关在笼子里面,却会咩咩叫的一只鸟的童话故事。

她说着说着掉下泪来,因为这只鸟不知道自己到底是羊还是鸟,她只知道经常有很多人围着她指指点点;而她只不过是做自己喜欢的事情而已。

这次的报告我给了她很高分,不是因为她的眼泪,而是因为手绘的这种风格虽然与众不同,但就是属于她的独特模式。用自己擅长的风格,做自己擅长的事情,就是自信心的开始。

也许手绘的模式离经叛道,也许不是每个简报场合都可以被接受,但这才是你未来必须要捍卫的主张和自信心的缘由所在啊!如果每个人都只有一种简报模式,只有一种简报设计,那只有一个人会是那数十万种统一的模式中的第一名啊!如果我们总是不敢与众不同,你要如何在众多的竞争者中鹤立鸡群,成为众人瞩目的焦点?如果我们总是唯唯诺诺,希望借着跟所有人一样的变色龙做法,来隐藏真正的本性,那么你要到何时,才能够让人知道你是什么样的人呢?

所以,对于各种离经叛道的简报模式,我可是相当期待啊!总有一天这些学生会找到属于自己的道路和可能性的。但如果你还是只坐在那边,期待可以学到如何有效地表达你的梦想和志愿,而不能够站起来做做看,很抱歉,我是帮不上忙的哟!

找到独一无二的自己

人生真正的悲哀不在于
缺乏足够的能力，
而在于没有应用
与生俱来的天赋。

在一本书里面推荐另一本书的确有点奇怪，但这本《发现我的天才》（*Now, Discover Your Strengths*）中文版的序就是我写的，而我当初写序的原因，就是它的确有助于解决许多人在追求梦想上最基本的一个困扰：**我的梦想到底是什么？**

事实上，就跟我之前和之后的回答一样，**所谓的梦想，要从你最喜欢做、做得最顺手的方向开始寻找，而这一定跟你的天赋，你与生俱来的本能有关。**

因为你的梦想或是你最终、最适合追求的目标，目前并不见得存在，它可能是社会的新创机会，或者是某个科技还没成熟的特殊领域。爱因斯坦发明相对论的梦想，不可能在他小时候就出现；同样，Google 的创办人也不可能从小立志要做出一个好的搜索引擎来,因为他们出生时连网络都不流行。

所以,追求梦想的第一站起点,一定是从对自身的了解开始。你不见得要去买这本书或是做这个测验,但你必须要理解的关键就是**“把已有的做到最好,把缺陷的拉到合理”**这种与社会传统正好相反的概念。

像我这样歌喉极烂的人,当然可以靠着苦练,花费一辈子的时间,把自己唱歌的能力练到勉强可以听,但这样真的是我的梦想吗?我是因为赌气还是别的原因,才会这么坚持做一件自己不擅长的事情?(譬如说暗恋对象被很会唱歌的人追走之类的)

苦练依旧有很重要的意义,但是如果你追求的是出类拔萃,或是鹤立鸡群的梦想,你当然必须要知道先该朝向什么样的道路,用什么样适合你的方法追求梦想。如果你的终极梦想是感动人心,你口齿清晰,但却五音不全,那么也许应该用演讲,而不是唱歌的方法来达成这目标。虽然都可以抵达目标,但越野车不适合走F1赛车的平稳道路;而F1赛车的低底盘和光滑胎,也无法走荒野的泥泞道路啊!

大多数人都知道自己最擅长做什么,但却不知道这就是他最值得珍惜的天生资产,反而去追求自身所没有,或是缺乏的事物,到头来却放弃了自己原先最好的礼物。这不正是一件很讽刺的事情吗?这不就是所谓的舍本逐末吗?

这本书,虽然表面上是盖洛普对全球近两百万人的调查报告所分析出来的结果,重点是在职场如何精进,如何管理员工;但实际上这本书讲的是人生哲学。

它所解决的问题，几乎是所有人在这个社会上生存所必须要面对的困惑。在过去的六年时间中，我在全台湾接触的听众超过四十万人，他们往往听完我的演讲之后会寄来无数的信件，询问自己未来到底该怎么办，到底要怎么在自己的喜好，和社会对你的期待之间做出平衡？

我的答案很简单，**如果你真的够种的话，你的人生其实从来都不需要在别人的期待和自己的愿景之间做出平衡**。而这本书的内容，正好是证明了这样的人生态度是合理的。

做好你自己，是最简单的答案；但要如何了解自己，才是这本书的重心。下面是我认为这本书传递出来的几个最重要的人生概念。

我们在自己不如人的地方花了太多时间，这是不值得的。

在一张白纸上用黑笔点了一点之后，大部分人只会注意到那个黑点。很多人会用这个来说明人类对于不完美有多么在意，因此我们最好不要留下不完美的痕迹。但其实这样的观点才是人类的缺陷。

书里面提到，在经过全面性的调查访谈和分析之后，盖洛普中心才发现，要发展员工的最大潜力，必须跳脱现行的企业观点的两大谬误：

一、每个人经过学习几乎都能胜任每件事情。

二、每个人最大的成长空间在于他最弱的领域。

(请注意:以上这两段话是人类社会常见的误解!)

但其实这只是一种妥协的做法,无助于整个组织和员工达到世界级的水平。因为你只是把最宝贵的时间和资源,耗在那些原来不擅长、天生不适合的领域上,然后误以为这样自虐性的违抗自然,就是一种成长。

这个社会从来不需要能够讨好所有人的成员。同样地,这个社会也不需要能够讨好所有人的梦想。

有的人擅长人际关系,有的人擅长独断快速地做出决定,有的人擅长在各种力量之间取得平衡;但真正的关键是,你不可能擅长所有的事情,讨好所有的人。

你应该要做真正的自己,不要曲意配合他人。你要做的不是改进你的缺点,花十倍的时间让它跟别人一样厉害;你要做的应该是控制你的缺陷,让它不要造成太大的伤害,而不是努力把自己的每一样弱项都提升到一般的水平。

妥协,是不会出类拔萃的。

而同样地,这个社会也不需要十项全能的人。巴菲特说过:“我与其他人的差别,可能只是我每天起床后,有机会做自己想要做的事情。”但这个自己想要做的事情所代表的意义其实意味深远,它真正的意思是你自己擅长,因此想要去做的事情。

我们从小到大被评断表现的时候，往往用的都是考试的方法，一次考好几科，然后用这些科目的总和来判断我们的总体分数如何，进而决定我们的排名或是该进什么班级，该去什么学校。我们以为总和的分数，才是判断一个人在社会上表现的关键。我们以为提升所有领域加在一起的总分，才是成功的不二法门。

所以，我们被误导了，我们以为所谓的出类拔萃就是十项全能，就是每一科目都拿高分，才叫作高人一等。我们是被学校教育和考试制度给误导了。这两种制度只是最基本的能力评估而已，并不是拿来规划如何发展个体能力，如何追求梦想的。

然而在真实世界的运作上，所谓的出类拔萃代表的是在一项或是少数几样专长上做好，而且做到最好，这才叫作登峰造极。

顶尖的面包师傅不需要牙尖嘴利到能够主持节目，因为他们需要的是等待技术成熟的耐心，和开创新口味的创造力。而顶尖的主持人不需要蹲在炉火边等待面包烘焙完毕，他们需要的是随机临场反应，和能够抓准大众心态的观察力。

如果盲目地追求十项全能，只是浪费自己的人生，甚至更让自己成为一个面目模糊的一般人而已。所谓的登峰造极者，是注定有其不完美之处的，不能认识到这一点，就只是浪费时间在模仿别人而已。

**“如果你真的够种的话，
你的人生其实从来都不需要
在别人的期待和自己的愿景之间
做出平衡。”**

这个社会需要的，是知道自己使命的人。

在盖洛普中心针对两百万人的调查中，针对天赋这件事情得到了两个与我们的认知不同的结论。

一、每个人的天赋都是持久而且独特的。
二、每个人的最大成长空间在于他最擅长的领域。

我经常在演讲之后收到困惑的读者来信，他们想要当漫画家、想要成为乐团主唱、想要成为作家，但周遭社会老师父母都反对，应该要怎么办？

说来抽象，但其实就像是这本书里面所讲的一样，所谓的天赋，往往会体现在你喜欢的事物上面。如果你做某件事情的时候感觉到高兴，感觉到很有成就感，那么这多半就是你的天赋，是你注定应该要走的道路，但这些事物并不必然出现在你之前的人生，或是教育的过程当中。

马蒂斯在二十一岁之前从未拿过画笔，但意外开始了创作生涯之后，在四年无师自通的学习之后，因为表现出类拔萃而获选进入最好的艺术学院。

爱因斯坦在念小学和中学时，课业表现平常，唯有数学成绩远在全班同学之上。教他希腊文和拉丁文的老师对他是那么厌恶，甚至曾经公开骂他："爱因斯坦，你长大后肯定不会成器。"而且因为怕他在课堂上会影响其他学生，竟想把他赶出校门。

这些人也许在教育体系里面没有获得认可，没有获得成就感，但他们都在自己擅长的领域里面，找到了自己最终的使命；因为他们做这类的事情会感到快乐，会拥有成就感，所以在那些特定的领域就变得越来越强。

看完整本书，我觉得最有共鸣的其实只是短短的一句话：

人生真正的悲哀不在于缺乏足够的能力，而在于没有应用与生俱来的天赋。

而所谓的天赋，其实就像是宗教信仰里面的使命一样。每个人来到这个世界，一定有一个只有你可以做，而你做得最好的事情，那件事情，就是你的使命;也就是你的众多天赋集合在一起之后,你能够表现得最好的方向。

所以,如果你真心喜欢一件事情,那就做一万次,那就做一百万次吧!如此一来,你喜爱、擅长的领域才会越变越强,你才会成为拥有独一无二天赋的你。而不再是那个为了迎合别人而塑造出来的样样皆普通,试图融入社会却无法喜爱自己的你。

你其实早就拥有了别人无法比拟,专属于你自己的独一无二的天赋,只是你不知道而已。

而从你的天赋、你的成就感当中,你就可以开始找寻和确认你的梦想的方向……

你,已经准备好要开始找寻你的梦想了吗?

太阳剧团陈星合

CASE 03

当你挑战一个新目标的时候，通常会害怕什么？

失败。

对于一个年轻人来说，最惨也不过就是失败啊！丢脸吗？对于一个年轻人来讲，还有比失败更丢脸的吗？

对别人提出一个要求，最惨的是什么？最惨的也不过就是被拒绝啊！

许多人就被这么简单的两个最糟糕的结果给吓到了，因此却步不前。但却忽略了一件事情，你已经预知到了最坏的后果也不过就是这样，那还有什么好怕的啊？

我们每天早上起床出门都有可能死掉啊！你不会因为可能死掉而不出门，为什么却因为一个最差也不过失败（而且不会死）的结果，而不敢去实现你的梦想呢？

说老实话，我并不明白这样的做法。人生之中有些事情不去体验就是永远不会知道啊！只要不犯法，不伤害别人，哪有什么退缩的理由呢？

说到底，这一切的一切，都是你不敢离开舒适圈，而替自己找的理由而已。

说老实话，第一次看到陈星合上媒体，是因为他做了一件很幼稚的事情。他的专长之一就是 juggling，玩球。但他在上学的路上，坐地铁的时候不停地玩球，被人家拍下来上了媒体。

听起来很好笑吧？但这就是觉悟啊！

让我帮你算算陈星合从十七岁立定志向开始玩球，到二十七岁进入太阳马戏团为止，他到底做了多少练习——

在这十年中，他一年三百六十五天年年无休，除了上课考试之外，每天至少练球五个小时（包含坐地铁和去上课的路上），所以他至少练习了一万八千两百五十个小时，一百零九万五千分钟。

所以，我们不应该问陈星合到底为什么这么厉害，或者是为什么这么幸运。

在追求梦想的道路上，我们要问自己的正确问题是：有什么事情我们可以连续十年，做上一百万分钟？如果有的话，那恐怕就是你人生的终极目标，那恐怕就是你的梦想了！

陈星合:

**“为了加入太阳剧团,我准备了十七年,
从传统戏曲的训练,到重考两年,大学四年,
毕业以后又花了三年,这样十七年,
我每天练大概超过五小时吧!”**

我小时候的训练背景是传统戏曲,当时我念的那个学校叫做国光艺校,其实应该不能说是学校,因为我们学校是营区,它是“国防部”的单位。我学的是豫剧,就是河南梆子,早上要五点半起来练功、吊嗓子、压筋、踢腿、翻筋斗,一直练到晚上八点二十分,我大概这样子从十岁练到十八岁。

当时觉得最棒的偶像,就是我的学长、老师们,他们会翻我不会翻的筋斗,可以演很多戏,我觉得那就是我的目标。一直到十七岁的时候,有一次在课堂上,一位教表演的老师,告诉我们外面的世界是什么,有百老汇、有歌舞剧、有《猫》、STOMP、《歌剧魅影》,还有太阳剧团。在那一次之后,我就想我是不是可以朝那个方向试试看,如果能够站上那样的舞台,那就真的是太帅了。不过那个时候也是想而已啦!

戏曲的环境，给了我很棒很棒的底子，可是慢慢地，我开始想做不一样的事情，最早是想当滑板选手！以前看过一部滑板选手拍的电影，觉得溜滑板去上课很帅，然后在我们高中时候又开始流行这些文化，我就觉得很帅，开始做很多很夸张的事情。比如说，学校里面没有可以玩滑板的环境，我就在顶楼盖一个滑板公园。

玩了滑板之后，接下来是STOMP，表演敲打垃圾桶啊、厨房的器具等等，我以前没有接触过，看完这个表演之后，觉得他们很酷！几年后他们来台湾表演，我就去朝圣了，我那时候才刚开始练Beatbox和丢球，也不知道哪来的勇气，我就跑到他们面前说：“来！来！来！我做给你看。”我就跟他配，然后他也跟我配，我后来才知道人家是一个明星，他是创团元老之一，是出现在DVD里面的人。

隔了一年他们又来台湾演出，这次我写了一封

信,问他怎样克服怯场,请工作人员帮我拿到后台给他。结果他还记得我,说:“你是不是去年表演丢球和Beatbox的人?”我说对。他说:“大家都记得你啊!来来来!”我就这样进到后台去了,每一个人都帮我签了名,还回答了我的问题。从那个时候我就发现,不用出国也可以跟世界接轨。

在那之后,我就在想,我如果要去太阳剧团的话,是不是要先练体操,是不是要学一些跟太阳剧团有关的杂技,我还去考了舞蹈系。从此以后,比如说有外国人来表演丢球,我一定会去找他们。

我有一个标准作业程序,先去看表演,完了然后就有座谈,然后我就提问:“你好,我是学传统戏曲的,不知道你对东方的文化有没有兴趣,我可以带你参观我们学校哦!或是要不要我当你一天的导游?”为了跟他们有机会交流,我这种不要脸的举动还蛮多次的。

我爸妈原本以为,让我去念戏曲学校,生活可以变规律,长得壮一点,没想到,这变成我的梦想。当我在做这些的时候,我爸爸就说了:“正常的人,要有正常的工作。”我妈妈也说:“你知不知道,你这样子给别人很大的压力。”所以我花了很多时间跟我的家人沟通,表演这份工作的内容是什么,慢慢聊、慢慢沟通,他们就会知道我的辛苦,开始支持我。

2006年太阳剧团在台湾举办甄选的时候，是先在各大校园贴了一个甄选公告。当我看到了之后，就决定一定要去参加甄选，因为我从十七岁开始，每天在做的不就是为了这个嘛。甄选条件有张列表，比方说身体的测试，肌肉耐力、柔软度，然后个人专长是什么等等。其中有一个项目是，将来表演的舞台可能是在很高的地方，你能不能证明自己可以在高的地方表演。

我想到以前在戏曲训练的时候，有练过一个从高的地方翻下来的动作，但是以前再怎么翻，也不会超过三米。我想到我们学校有一家超市，就从那边的二

楼翻下来好了。

我在勘察场地的时候，老师发现了，问我："星合，你在上面做什么？"

我说 ："老师，我这礼拜五就要把甄选资料交出去了，我现在一定要从二楼跳下去！"

老师说 ："你可不可以冷静一点啊！这个礼拜是期末考试周，要考术科的，如果受伤了，你这学期的术科成绩都会报销了！"

我回答："好！好！我不会做。"

等他一离开，我就赶快跳了五次，每次都成功。

然后我还把这视频上传到 YouTube，把链接发到老师的邮箱，告诉他："我相信我的训练可以克服这个难关，所以我做了。"就这样我完成了甄选的影片，把它寄到加拿大，太阳剧团再从俄罗斯的总部筛选。两个礼拜以后就通知我通过初选了，要到现场来考试。

去考试的那天，一搭上地铁，我就想回家了。因为我在车上看到，那个不是我学长吗？那不是我老师吗？然后一去那个排练场，门一打开，什么南拳冠军、长拳冠军都来了，那些都是以前排在我前面的高手！

甄选那一天，从早上的九点考到晚上六点，中间只休息了半个小时。第一个阶段就是考专业，有的人跳舞，有的人表演武术，我就是表演传统戏曲的东西。第二个阶段考体操，一定要会翻滚。第三个就是跟棍子有关的特技，耍枪、耍旗、棍花或是打一套枪的套路。然后第四个阶段比较细，要比身体肌肉耐力、柔软度、爆发力，然后考演戏、唱歌、跳舞。

就是在这个过程里面，我发现我以前的训练，或以前的不务正业，都在这个时候帮上忙了。

在考试的时候，因为我认识一些外国朋友，我知道那些动作的英文怎么讲，体操的术语是什么。结果评审说："你都知道，那你第一个做。"在那个时候我就被注意到了。比如说，考跳舞的时候，他们把音乐关掉，然后数拍子告诉我们舞步是什么，没音乐我就自己做 Beatbox，他们觉得很有趣。最后他也会问："你有什么加分题？"那我就表演我的不务正业、我的兴趣，结果我是最高分过关的人。

可是通过甄选不代表拿到工作合约，只是把我的名字很正式地在他们的人力储备资料库里面建档而已，并没有真正的工作。

接下来，四年过去了，每一年我只要有任何进步，爆发力变更强了，柔软度变更好了，我都会写信给太阳剧团，告诉他们我准备好了，不知道什么时候可以跟他们一起工作。但是他们说：“我们相信一定可以找到你适合的位置，只是不晓得这个机会什么时候出现，你要有耐心。”我甚至告诉他们，即便没有钱，我也要去，因为那是我梦想的地方，他们还是告诉我要有耐心；即便我把表演带进了“国家”戏剧院，把那段视频发给他们，说我是第一个把丢球带到“国家”戏剧院表演的人。你猜他们说什么？他们还是说：你要等。

好，我等，一年二年三年四年过去了，最后在2010年的8月13号，我接到了一个电话，对方说：“星合，我们要正式地邀请你成为太阳剧团的一员。”

我拿到那份合约了，即将飞去拉斯维加斯，站上那个每天晚上都有四千个观众的舞台了！

我一直对自己非常没有自信，可是那个电话打来的时候，我明白过去这十年来，每天八个小时的练习，是有收获的。我知道因为我没有放弃，这个电话才打给我；如果我放弃的话，也许接的就是别人。

还没加入太阳剧团以前，我以为他们是不是有什么神奇的练功房，或是神奇的练习过程。可是我去了之后才发现，那些人本身就是最棒的！大家会自己照顾自己，公司花钱不需要栽培你，告诉你几点要来上课。

我有一位同事叫Noriko Takahashi，算是我的老师的年纪了。她有一段五分钟的个人表演，七点的演出，她四点半就已经在练习了，从

瑜伽、跳舞开始，练习她的特技。还没正式上场前，再练一次，上场的时候表演一次，第二场还没上场前又练一次，上场再表演一次。大家都下班回家了，她留下来再练一次，然后暖身、放松才回家。

我觉得那就是榜样啊！所以我也学她，全团只有我们两个三点半就化装好，我觉得我就是要来学习这个。

还有两个墨西哥人，他们做一个表演叫作 Slave Cage，要在五楼高的地方表演。我带朋友参观后台的时候，都会问他们："你知不知道他们几岁？你觉得这样表演，几岁是尽头？"他们说可能三十五岁以后就不行了吧。可是你知道吗？那两个人，一个五十七岁、一个五十四岁，都是阿公了，还在五层高的地方跳绳、倒立。

我爸爸很担心表演艺术的生命很短，跟运动员一样，身体会耗损。可是我看到这两位阿公，我明白如果有纪律的话，这件事情就可以跟着你长长久久。

最后我想分享一件事，我是这样鼓励我自己的：**每天进步一点点，幸福快乐到永远。**先找到你想做的事情，然后跨出那一步，一点一点地慢慢前进，总有一天会走到你的目标，这个目标虽然很高很远，但是控制的人是你自己。

“先找到你想做的事情，
然后跨出那一步，一点一点地慢慢前进，
总有一天会走到你的目标。”

说老实话，如果你也想要追求你的梦想，如果你也想要成为梦想一派的同志，请你明白我访问这些人的用意。

我不是要你成为第二个陈星合，不是要你成为第二个谢哲青，不是叫你成为第二个陈奕伟。

因为模仿他们是没有意义的。他们早就出发了十年、二十年，如果你想要追在他们屁股后面做一样的事情，那不过只会成为一个劣质、晚到的模仿品而已。

我想要让你们看到的，是一个很简单的事实，他们追求梦想可以做到这个程度，你为什么不行?

他们有的人家境不好，有的人求学过程不顺利，有的人不擅言辞，有的人一开始不知道自己的梦想在什么方向。

但不论如何，他们满身汗水、浑身泥泞，奋力摸索地找到了属于自己的梦想。

而，你为什么不行?!

当然行！如果他们都可以，你当然可以！

Part 4

不放弃，
才有机会逆转胜

“If not now, then when?

If not me, then who?

不是现在，那是何时?

不是我，那是谁?”

——犹太教长老 Hillel

Email 18

该不该生小孩？

FROM 30岁OL

Hi，朱大：

我是个三十岁的上班族女性，已婚，双薪（养小孩的经济能力没问题），现在面临被催生小孩的压力。我觉得很困惑，生小孩就要对这个小孩负责，可是有下列几点觉得很困惑：

1. 现在无论台湾或是全世界都在走下坡，实在看不到小孩的未来，我们这一辈，都已经觉得竞争很大，纵使本身很有竞争力，但是前辈们已占去大多数较好的职缺，我们后生晚辈只能屈就较差的位置，更何况是小孩的那辈。

2. 最近去美国，发现很多以前需要人力的事情，都已经无人化了，所以纵使我有能力培养小孩，让他从名校毕业或是很具竞争力，他也很难有好的就业环境。

3. 现在“政府”都说，再不生小孩，以后每个小孩的负担会愈来愈沉重，如果我现在生了小孩，那不就表示，他以后的负担会很大，这样我不是把他推进火坑吗？

再者，我也将这个疑惑问过其他长辈，得到的答案多是“不要想那么多”，所以想请教你的意见。

朱学恒回信

我真的很高兴，难得有个问题是我真的有资格回答的。因为其他很多问题我都是乱写哈哈哈。

你的确问了很多问题。我不准备说你该不该问这些问题。毕竟这都是你所担心的问题。所以我能够跟你分享的是一个我朋友跟我说的小小故事，是关于预测未来这件事情。

某一天，我和一个搞新创产业融资的朋友聊天，讨论了现在许多家长替孩子选填大学志愿的状况。

我经常遇到很多家长坚持要帮孩子挑选他将来应该读的志愿。因为家长认为自己有很多的社会历练（至少比孩子多），想法比较正确，所以他们选择有前景志愿的眼光，也是比较正确的。

但却没有想过，帮忙儿子或是女儿填下那个志愿，等于是在预测大学四年，加研究所两

> 我们把这个小孩带到这个世界上来，
> 是为了爱他，是为了照顾他，
> 是为了跟他一起生活，
> 是为了跟他一起欢笑，一起哭泣……
> 但绝对不是为了决定他或她的未来。

年，如果读了博士还要四年，也就是整整六到十年之后的未来趋势。

预测未来很简单吗？

我好歹也参加过三四个趋势预测计划，预算基本都在千万以上，但有的计划两年之后就不准了。更别提有的预测出来之后，还引起社会极大的震荡。

于是我就问我的朋友有什么意见。他说的故事很简单。

高盛、雷曼兄弟等等这些顾问、金融公司，每年都要花大笔大笔的预算，聘请分析师和专家预测各种各样的市场未来，包含了油价，包含了失业率，包含了金价，包含了股市的波动。

而这些趋势预测，可能都至少要花上数百万美元，搜集无数的资料，观察过去的波动与趋势，分析地区强权的政权稳定与否，调查新科技的发展进度，打探各国的货币政策等等等等……

而这里面有八成以上的预测是错误的，或者至少是没有达到他们原先希望的精确度，甚至雷曼兄弟还没有预测到自己会倒闭，引起金融风暴呢。

而台湾的父母竟然觉得，自己可以凭借着一人之力预测十年之后的未来？

做到全世界各大顾问公司做不到的事情？

他一口喝完啤酒，就转身走了出去。（而且还忘记付钱，导致我要多出钱！）

我不知道你从这个故事里面得到什么。但我要跟你分享的关键在这里：

我们把这个小孩带到这个世界上来，是为了爱他，是为了照顾他，是为了跟他一起生活，是为了跟他一起欢笑，一起哭泣……

但绝对不是为了决定他或她的未来。他们的未来，得要靠自己创造。

所以你在生小孩之前的确该问问题，但不是你问的那些问题。你现在该问的是：

我现在是不是做好准备多喂一张嘴？

“未来是每一个当下创造出来的，
而不是通过预测而诞生出来的啊！”

我现在是不是准备好要无条件、没报酬地多爱一个人?

我是不是真心爱他和他所带来的一切?

当我的孩子来到这个世上,我是不是心甘情愿接受我的人生跟着改变?

我是不是愿意为他付出一切?而且不求任何回报?

我是不是愿意从此的人生跟这孩子一起共享?

而且一开始两三年,他只是个会爬行的大便制造机!青少年之后还会叛逆惹你伤心!

我真的能够接受这一切吗?

我是不是愿意像婚礼誓词一样:无论是顺境或是逆境、富裕或贫穷、健康或疾病、快乐或忧愁,我将永远爱着您、珍惜您,对您忠实,直到永永远远?

换句话说,如果没人可以预测未来,那么我们能够掌握的只有当下啊!

未来是每一个当下创造出来的,而不是通过预测而诞生出来的啊!

你愿不愿意和你的孩子一起度过未来的十年、二十年、三十年,不论环境如何变化,不论世界如何困窘,不论社会如何震荡,你都将跟他一起创造未来,仰望未来?

如果这些答案都是肯定的话,那你应该已经知道自己的想法了。

加油吧。你的人生将会踏入截然不同的一个阶段啊!

Lucifer

P.S.

最近朱小胖的梦话，又有一句新台词了：

“我什么都不要，我只要我妈妈！”

妈的被我抓到是谁教他这种琼瑶台词，我一定把他打成猪头！

“无论是顺境或是逆境、
富裕或贫穷、健康或疾病、
快乐或忧愁，我将永远爱着您、
珍惜您，对您忠实，
直到永永远远。”

Email 19

要怎么挣脱现实的框架？

FROM 平凡人

我是个普通的年轻人，在普通的家庭长大，普通的学校、普通的工作，靠着努力，我现在有份还不错的工作，压力虽然大，但跟同年纪的人比起来，我的薪水已经算还不错的。但再怎么努力，依照现在的薪资水平，我永远也追不上物价房价，也没自信我可以娶老婆，甚至养育下一代。

周遭一些争气又优秀的朋友，其中不乏会计师、医生或律师这些大家一听就觉得前途光明的职业，但起步也是挺艰辛的。连他们都很辛苦，更别说我这种平凡之辈。

我当然很想挣脱这种现实的框架，但要怎么挣脱？

我也看过许多成功者的案例，他们在书中宣扬自己早年的功成名就，或是如何逆转胜。但我总觉得那些人是特例吧，现在时空背景早就不同了，大部分的人都像我这样过着平凡的人生，我没有背景，不是富二代，也没有国际名校的文凭，我很清楚我的人生没办法一飞冲天。

大家都说中产阶级已死，现在只剩下清贫或大富两个极端，那在这样的时局中，像我这样的年轻人究竟要努力到什么地步，才能有所成就？

还是我就好好领这份死薪水，日子过得去就好了，别去想这些杂七杂八？

梦想

朱学恒回信

平凡人也有平凡人的志气，平凡人也有平凡人的尊严的。

我们不靠爸，不靠妈，不靠祖产，在这个乱世中能够平安地过着生活，谁说这不值得骄傲？

看看那些富二代，拥有远胜我们一千万倍的资源和金钱，最后他们有得到我们一千万倍的成就吗？当然没有啊！酒驾的酒驾，混黑道的混黑道，接班接得零零落落，还有人被判了死刑差点被枪毙；光是就常理来看，就知道我们的能力和努力，绝对不逊色于这些既得利益者啊！更别提我们在资源这么少的状况下，还可以拼搏到现在这种平平安安的生活，那代表我们是更值得骄傲和自豪的啊！

既然我们也有平凡中的骄傲，那就想办法跨出下一步啊！既然你已经知道，也相信自己在乱世中保持平凡的斗志，那就不妨找到一个敌人和目标去挑战啊！

这个目标不见得需要和天一样高，或者是明天就想要当上“总统”之类的，如果你想要靠着平凡的斗志，挑战平凡的人生，也可以从找到自己的另一半结婚开始挑战啊！

谁说找到另一半跟创立鸿海比起来比较简单？郭台铭不过只是创立一间公司而已，我们可是要在六十亿人中，找到能够跟我们相知相守、共度下半辈子的另一半啊！以困难度来说一点都不逊色啊！

一个富二代靠他老爸的钱开公司赚了大钱，跟我们这种赤手空拳来到这个世界上，还能够闯出一番名号的平凡勇者比起来，我觉得后者值得尊敬一百万倍啊！既然如此，那就迈出第一步，找个目标来挑战吧！

勇者不离开新手村，是永远没办法升级打怪的啊！

Lucifer

Email 20

我的性取向有点特别……

FROM **小红帽**

我是独生女，我觉得自己的恋爱性向有点特别，或许将来不会结婚了，到时会独自一人，而且要一人负起赡养父母和爷爷的责任。

大家都觉得，要结婚有个伴才能共同负担，但我难以想象找个男性结婚的情况，又非常担心我一个人，无法担起这么大的责任。

请问我是不是顺着家人的意思找个男性结婚，还是顺从自己的意思，努力工作接受单身的孤单快乐？

朱学恒回信

你两个选择都可以不用选。

你不用想象找个男性结婚的状况。喜欢女生有什么好不可告人的，老娘就是喜欢女生怎么样？因为她们香香的又聪明啊！很值得骄傲啊！这社会本来就不应该只有一种价值观、一种爱情的方式啊！

干嘛要单身啊！阿根廷全国和美国的波士顿等地，都接受同性婚姻啊！去那边结婚嘛！每个人都有追求幸福的权利！除了你自己之外，没有人可以放弃的！你的父母和爷爷希望你也能够幸福，但是我相信他们从来没有写出规范，说我不同意我亲爱的女儿和孙女跟女性结婚，否则就是不孝！

既然没有，你想那么多干嘛！去追求你的幸福啊！去认真工作啊！去跟你喜欢的人一起相处啊！去跟好朋友一起分享快乐啊！

去啊去啊去啊去啊！

Lucifer

Email 21

该不该为梦想设下停损点？

FROM 阿正

朱先生：

你好，我生长在一个南部的大家庭，家里开了一家水电行，经济还算小康，五个兄姊虽然和我年龄有差距，但是非常和乐。

父母受的教育不多，几个哥哥也是念完高职就跟着父亲做水电，然后一个个开了自己的店，结婚，生小孩。就算这样，他们没有阻止我走不同的路。

我是家里的么子，从小爱读书，喜欢文字，顺利考上大家心目中的第一志愿，却选择了自己喜欢的科系。学生时代，我每周至少读一本书，文学、哲学、历史、心理，什么都看，也活跃在校刊社、文艺社，有点人气。

大学毕业后，我进入广告公司当文案，公司规模不大，什么杂事都得做，一堆鸟气得承受，本来想，这也没什么大不了，只要还能想想点子，写写文字，就把这工作当成练习吧，总有一天，我一定能找到更大的舞台，看我的文案成为大家的口头禅。

没想到，十年了，这一天，一直没来。

这几年因为经济环境改变，台湾一些大公司将经营重心转到大陆，国际企业也一支广告打天下，不像以往会在不同国家做不同广告。我任职的公司虽然还在，却经营得很辛苦，不知道什么时候会裁员，或者，倒闭。这个产业似乎成为夕阳产业，而我，连夕阳余晖的温暖也没享受到，每天担心的，都是这工作还能做多久。

我是家里读书最多的人，却是收入最低的人。每个月，我给家里的钱是兄弟中最少的，父母有什么开支，我分担的也是最少的。我感到惭愧。父母没说什么，兄长也不计较，只是看我三十几岁了，他们偶尔会开玩笑问我，要不要回来一起做？

老实说，常常深夜加班后，回家的路上，老摩托车的引擎声和这句玩笑不断响起。

趁现在年纪不算大，还有点体力，回乡下开家自己的店，生活步调慢而且自主，有什么不好？没面子有什么关系？我何必撑得这么辛苦！这个产业还能有多少机会呢？

只是，我知道我撑着不是为了面子。这个追求，跟了我这么多年，就像是自我意识般的存在，放下它，我不知道我还剩下什么，甚至，我是什么。

我好像走在黑暗的隧道中，不知什么时候才能走到尽头，甚至不知道有没有尽头。

梦想啊梦想，该设停损点了吗？

朱学恒回信

阿正啊。我相信你年纪比我大，能力也比我强，按说我没有什么资格跟你分享我的看法。

不过，我还是觉得有些话说出来你一定懂的。

如果你生在台湾，就应该知道，我们本来就是海盗和大陆移民的后裔。从荷兰海盗、郑芝龙、郑成功，漳泉州的移民罗汉脚……几乎每一个都是在原乡过得不是太好，毅然决然冒着生命的危险渡过黑水沟或是太平洋，才来到台湾安身立命的。

所以不管你祖先来自哪里，我们大概都拥有在什么地方都可以生存的实力和耐力，而这是写在我们血液之中的。

如果你真的觉得自己是重量级的拳击手，那就不应该站在幼儿园的躲避球场上啊！你应该站在世界级拳击比赛的场地上，面对那些最凶恶的敌人，一拳一拳地打在他们身上啊！

如果身处的地方不是战场，那就该移动到那个战场上。真正的战士不会总是挑选离家近的战场啊！

我还在读书的时候，其实很喜欢一首唐诗："秦时明月汉时关，万里长征人未还。但使龙城飞将在，不教胡马度阴山。"虽然这首诗很有气魄，却有一种浓烈的无奈的感觉。

如果龙城飞将在的话……如果龙城飞将在的话……

不知道怎么搞的，我希望我的人生将来不会讲出这句话来：如果我当时挺身迎战就好了！

所以我知道讲起来很简单，做起来很辛苦，但也许你该考虑的是，不要死守在一个已经如夕阳一般落下的市场，而是朝向战争和最激烈残酷的白刃战所在的地方。与其抱怨战场离你远去，不如冲向战场所在的地方，至少又是一场激烈的厮杀啊！

站上真正属于你的战场吧！

（而且你很幸福啊，不管战斗的结果如何，你总是可以退休回乡下过着水电工的生活啊！）

Lucifer

Email 22

要怎么撑过金钱压力？

FROM **20K超人**

朱大：

我做网页设计的工作，超过一年了。同事好相处，老板不啰嗦，工作内容也是我喜欢的。如果不管薪水只有两万新台币和发展空间，其实我还蛮安贫乐道的。

只是，我工作的地方在东区，每天下班，都会看见很多年轻男女，穿得漂漂亮亮，一起上馆子、去咖啡店什么的，或者拎着好几个百货公司的提袋。不是经济不景气吗？物价不是都在上涨吗？那样一顿晚餐，要好几百元吧！我的薪水拿来缴水电、房租都来不及了，买东西也尽量上网找便宜的，根本没有闲钱去尝试这些花花绿绿的享受。

以前念书的时候，我没想过赚钱有多重要，现在工作才短短一年，就大概知道年薪百万和一间房子有多少距离了。即使现在还想安慰自己说，钱够花就好，不要想太多，不过，还能这样安慰自己多久呢？再过几年，如果结婚生小孩了，我的薪水就不是只顾我一个人了。而且，老了没工作时，我用什么养活自己？

我对理财没什么概念，却有个不安的预感，如果没有足够的钱，几十年后，生活一定会过得很惨。

如果可以，我真不想正视这些烦人的问题，但是又不能不面对。我想请问朱大，你常常做一些看似没有收入的事，例如翻译开放课程，你是怎么撑过金钱压力的？

朱学恒回信

人生不要怕，怕了你就输了。

面对这种变化难以预料，又不知道接下来会怎么样的世界，一开始害怕，你就只会继续往后退。

把我的版税捐出来成立基金会，到处贴钱巡回演讲，我都是闭上眼想一秒钟，确定自己不会因此饿死，就做了。

我只相信一件事："进一步海阔天空！"

人生有很多事情就是要大开大阖，往前冲一步百步千步万步，才能够跳脱现在的困境。

不要只是单纯坐在那边，整天想说如果将来会如何，如果你担心未来结婚没有钱，担心数十年之后会饿死，那就拼死命地去赚钱啊。你觉得最惨会怎么样？最多也不过就是饿死啊。(而且就算去当乞丐，那些乞丐赚到的钱搞不好还比你我多咧。)

谁不会死，但是在死前几十年担心个半死，只会降低你的生活品质而已。现在你想做什么，就去做，但不要为了二十年之后怎么样而做，你要先对得起现在的自己，才有可能对得起二十年后的自己。

只要你的人生一直在往前进，那就没有什么好怕的啊！

Lucifer

Email 23

你恐惧过婚姻吗？

FROM 惶恐的阿珠

朱老大：

我今年三十岁，之前在杂志社工作，现在在公关公司工作。工作上虽然难免有辛苦的时刻，但幸运的是，从出社会的那天起，所选择的工作都是打心眼里喜爱的，因而也能散发热情地努力着。

写信来，是因为我有个困扰，交往一年多的男友很想定下来，频频催婚，我虽然爱他，却对婚姻充满不安与恐惧。一是害怕自由自在的生活起变化，不确定是否能在工作上继续发光发热。(或者说，不确定自己是否有能力平衡家居生活与工作。工作很忙碌，总是等到男友要来家里时，才奋力打扫得一尘不染啊！真是大假象！虽然我可是相当诚实地告诉他。）再者，生活重心要从情感亲密的原生家庭转移出去，也充满疑惑与害怕……

第二，现在外遇的比例这么高，结婚是不是意味着提早进入扫墓的行列啊（如果婚姻是爱情的坟墓）？

简单快乐的家庭生活也是我的梦想之一，要如何才能取得平衡呢？朱老大，很羡慕您与妻子看起来甜蜜美满，也很好奇，您曾经恐惧过婚姻吗？如果有，您是如何克服的呢？您怎么确认自己碰到就是最想相守一生的伴侣？或您观察到的幸福伴侣，是要如何走过这个难关呢？希望问这些问题，不会让你觉得很白痴……期待您的幸福解密啊！

朱学恒回信

结婚是个非常感性的决定。那是两个人决定要一起对抗这个世界的盟约。如果你不放心把背后交给对方，那这个盟约就不应该签下。

光是为何结婚、如何结婚大概就可以写一百万字。

但是我是一个直接讲实话的阿宅，所以我才不要跟你铺陈一大堆什么要看你们的爱情有多深，或者是柴米油盐酱醋茶有多么重要，面包跟爱情之间如何平衡之类的屁话，那让给两性专家来讲就好了。

爱情和婚姻都需要学习，但我们不会叫小学生去投票对吧？

所以我就直接讲了，如果你现在对于婚姻要想那么多，那么你很可能不该跟他结婚，至少不是现在。

要么不是对的人，要么现在不是对的时机。

你要如何判断你是不是肚子饿？就要看你是不是想要吃东西了。如果你现在不想，那就不要吃东西啦！

我能够讲的只是千万不要因为不好意思，或是同侪压力，或是社会压力而结婚。这是你的人生，在你觉得妥当安心不担忧之前，你永远可以选择不进入婚姻的。

Lucifer

Email 24

为什么年轻人要用二十世纪五十年代的方式去成功?

FROM **上班族,26岁**

我觉得,我在工作上是尽心尽力的。老板要求绩效,即使我认为不合理,也总会努力完成。老板要求低成本,我也战战兢兢为公司盘算。而且,我还提过一些创新的点子。不过,每次颁发奖金和升迁,都没有我。

最近听了一场演讲,讲者是台湾企业的龙头老大、社经新闻的红人。时间还没到,场外人龙已经绕了好几圈,等着进场。我想,这些人大概都跟我一样吧,很想在工作低迷中,听到一些能突围的见解。

这位企业家的成功历程,很令人敬佩。不过让我备受冲击的，是下面这个场景。

记得有个年轻人很谨慎地提问，认为社会没有提供足够的机会让他们创业，因此想创新很难。

这位企业家非常直接，他举了当年创业时睡工厂、忙到小便变黄的经验，然后连问两次："你有我这么辛苦吗？你有我这么辛苦吗？"

现场一片安静。我无法揣测大家是否认同或反对，不过显然地，现场被震住了。

其实，我很感谢这位讲者这么诚实地表达自己的想法。我理解了，却也有点难过。

的确，在这标准下，我们大部分人都不够努力。台风淹水，我总是依着"政府"公告休假，不会赶到公司去关心状况；每个假日，我的优先顺序绝对是跟家人朋友去开心，再多的工作也会先放下。是的，我们不该企求更多的回报。

但是，我仍然感到难过。一个社会的经济和文明在进步，难道不代表它能提供更好的条件让下一代去完成梦想吗？为什么在台湾经历这么多大家自以为傲的奇迹后，还是得要求年轻人用二十世纪五十年代的方式去成功？

我不是为自己难过，像我这样胸无大志的人，可以吞下这些疑问继续生活。只是，我希望自己是脑袋清楚地吞下这些疑问。

朱学恒回信

不要听他们放屁。小便变黄有什么了不起，我当兵的时候还熬夜到昏倒咧，难道这样我就可以当上上将？

就是因为这些人随便忙个小便变黄，就觉得天大了不得的既得利益者不够有能力，才导致现在创业这么困难。又没有资金，又没有创投，又没有市场，最后大家都只能去卖鸡排还会被骂。

所以，停止向这些没用的人抱怨吧。反正他们也根本没有足够的能力帮上你的忙。做好你自己的事，追求你自己的梦想。

别忘记，你那独一无二的梦想是不需要他人认可和支持的，告诉一个小便黄黄的老头干什么？

下一次，当你在听到这种屁话的时候，你要站起来大声地呛这个老头，跟他讲你尿黄是因为吃了太多维生素 B 和你的肝不好，跟你创业成功一点关系都没有，赶快去看病吧你！

Lucifer

Email 25

你并不特别……

FROM **Layla**

朱大，您好！

昨天拜读您的新书，让我心有戚戚焉，也跟其中一位来信者一样，没读几行就泪眼婆娑。

我目前是大学生，读的是传播相关科系。三年前，我觉得这是我的梦想，所以义无反顾地就进来了，不过理想和现实差距颇大，待了三年下来，没有找到当初的憧憬。其实这三年也参加了不少活动、社团、业界实习等，想借此探索自己，也想针对自己较弱的部分作加强（例如我还跑去上口语表达训练课）。

做这些事情，我会有表面的成就感和快乐，但内心却觉得空洞。活动和外务太多，我花许多时间跟外界相处，却没有好好听听自己的内心。每天就是不断地output,没有input,虽然做了很多尝试,但都不尽人意,没有很开心。我有时候会感到迷惘,我明明应当喜爱这个系,以及这个系为我们安排的课程和活动,还有这个系应尽的义务吧?不然大学在这边待了四年,不是很浪费吗?

系里的同学,感觉没考虑这么多,虽然对这个系没有太大好感,但也没有多不喜欢。反正三年来的训练就是去媒体,那不如就趁现在还可以玩的时候好好玩吧!但我就是不甘于“进入社会就只有进媒体业工作”这个选项。尤其我去了业界实习一趟后,更觉得这样的生活不是我要的,甚至无需很好的学历也可以做得好。我不甘于只有如此啊!我觉得我的人生还有更多的可能性啊!

何其幸运,我在辅修时找到了撞击我心灵的东西——英国文学。这个和传播风马牛不相及的科目,我不知道该如何描述对它的喜爱!我没有宗教信仰,但读它时,我仿佛感受到“神/真理/宇宙/狂喜”诸如此类的词汇。我好喜欢英国文学,我会一个字一个字地读,然后想想其中的涵义,并且和现实作连结,虽然很慢,有时候一个小时才读一页(毕竟是外国字写的古诗),但我就会觉得:哦!和前一个小时相比,我又知道了更多道理了!太好了!

所以我在今年就选了英文系开的英国文学(辅修的老师是不同于本系的)。我选课时也没想太多,看见某个时段我可以上课,然后也有老师开文学课,我就选了。一直大概上了两个月左右,我才知道我选到了英文系最严格的老师,许多本系生甚至在四年内都巧妙避开他的课!但当时我不知道这些啦,我反正就是上就对了。

一开始实在有点挫折,原来辅修和本系的压力大概有一比十的差别吧！再加上我又是外系生，之前完全没有基础，修得很吃力。但是上老师的课，就会感受到文学的奥妙，以及文学和人生之间的关联性。我这个年纪，本来就是会对各种事情都产生一些看法，却同时产生疑问的年纪。但神奇的是，我每周的“人生一惑”，在上文学课的时候，刚好都会跟当周的文本相呼应。这算是某种心有灵犀吗？（笑）

虽然修英文系的文学课很吃力，不过我习惯了之后，也慢慢可以追上本系生的速度，还拿到班上第二名，这让我甚感宽慰。只要有爱，一切都不是问题，是吧？

我是想要考外文所的。虽然我的家人在学期初时听到我如此辛苦地修课，都觉得没有必要。他们认为，现在硕士生满街跑，考上研究所很容易，为何我要这么辛苦，不是本系生，还因此打算做推迟一年毕业的准备，觉得太不切实际。他们还说读文学有什么用呢？以后能当饭吃吗？诸如之类的种种。他们劝说我回去考传播所，我当时也傻傻地就答应了，但后来想想，这是我的人生，不是他们的人生啊！

我喜爱英国文学，我不排斥传播，在我的心中，它们的顺序是这样的。如果我现在不去追逐我心中的大梦想——英国文学，我觉得我以后都会恨自己，恨自己当时屈服于现实，和梦想妥协。所以我想要为这个目标努力！

现在是暑假时期了，我每天都会在图书馆读六小时左右的英国文学。我之前是从来不会去图书馆念书的人！但没想到，我会愿意为了文学，怕自己在家偷懒，而逼自己早起去图书馆。每天晚上，整理隔天要去念书的“书包”时，甚至会感到一阵幸福感油然而生。（想想以前高中时期，要把讨厌科目的课本放进书包就觉得不高兴。）

家人到现在都还是以为我要考传播所，殊不知我都在图书馆念英国文学。我怕跟他们讲了，又要解释个没完没了，很麻烦，干脆先不讲。我的同学大概也不会往外文所的方向前进，所以在梦想这条路上，真的是颇孤独的，但是我总告诉自己，没关系！因为你有爱啊！你有热忱啊！

我的求学之路一直都很顺遂，所以都没想太多就得到了每阶段的学历。然而在今年，我却会为了未来到底该走什么方向，而苦恼了很久（之前都是单行道，好像没什么好苦恼的，往上走就对了），我想这是不是人生必经的过程呢？都会有个“蛹”期，必须不断挣扎，而且只有凭自己的能力挣出去，才能变成蝴蝶？

朱大，谢谢您愿意鼓励我们“七零后”、“八零后”这一辈。我希望，我们真的能够对台湾有所回馈，并且活得对得起自己！

朱学恒回信

亲爱的 Layla：

你并不特别。在给你的邮件中，第一段视频是一场给高中生的演讲，也是我希望你能够看完的一场演讲。而第二个视频是我送给你的一个关于梦想的小小纪录片。

在第一个演讲中，讲者用一种幽默、有些冷静的方式，告诉所有的听众，其实你并不特别。

即使你是韦斯利高中这所名校的毕业生，你也并不特别。

全美国共有不止 320 万名高中生正从 37000 多所高中毕业，也就是说，有 37000 名毕业生代表、37000 名学生会长、92000 名合唱团团员、34 万名趾高气扬的运动健将，和 2185967 双靴子。所以想想：即使你是百万中选一的精英，以地球上 68 亿人口来说，这意味着有将近 7000 人跟你一样。

是的，你并不特别。这社会上有比你想象中还多的人，跟你一样辗转反侧，深夜无法成眠，因为不知道自己该走向何方，该去向何处。

但正因为你并不是特别的，所以你也并不孤单啊！

你所面对的选择，其实就是你终有一天必须面对的关键选择：

你究竟是因为喜欢学习而学习，还是因为喜欢别人称赞你的学习而学习？

你究竟是因为别人喜欢你而喜欢自己，还是因为你是你自己而喜

欢你自己？

因为不管我们可以告诉你多少进退两难的选择，不管我们可以跟你分享多少无法两全其美的故事，当你作出这个选择的时候，你必然是一个人的。

你必然是只能靠着自己的本心作出抉择的。

我们只能在那之前和之后支持你，相信你，知道你会找到你的未来和出路。

但在你作出选择的那一瞬间不行。

但其实你已经作出选择了。

我们几乎都可以必然知道你接下来会面对的挑战：

周遭的人们会质疑你忽然改变跑道真的值得吗？

父母会怀疑你到底如何在这个理想化的抉择之下糊口温饱赚钱？

老师会挑战你说之前并不是专业领域的学生，要怎么跨进这个陌生的领域？

甚至研究所的考试科目就会让你硬碰硬地必须考出成绩来，单靠毅力却进不了口试的关卡，是没人可以帮得上你的。

这每一关都是硬仗，这每一关都是对你的热情，对你的爱的挑战。你很有可能会被打得鼻青眼肿，你很有可能会被打得灰心丧志，你很有可能会被打得沮丧气馁。

但这一切的一切你都得要撑过去。

因为我要告诉你一个更辛苦的真相：

在梦想之前，拥有爱，不过只是一个最基本的起点而已。

你的爱会被不停地试炼，你的爱会被不停地拆解，你的爱会被不停地折磨。因为说到底，强烈的爱与热情不过只是你为了这个梦想奋战的理由而已。

所以你得一次又一次地不停证明你可以转变跑道，你可以温饱糊口，你可以在研究所的考试中出类拔萃。

甚至，你即使没办法一次就做到完美，给予他们所期待的答案；你还会尝试一次两次三次四次五次二十次一百次两百次一千次。

因为即使你尝试了一百次，那也不叫尽力，那只叫做了一百次！

而我们在这个世界上不停奋战，不只是为了改变这个世界，更是为了不要让这个世界改变我们啊！

我们能替你做的很有限，也不过就是**单纯地相信你不会被这个世界所改变啊！**

最后，亲爱的 Layla，希望你一切都好。

Lucifer

Email 26

在台湾台中勤美诚品，见面

FROM 书宁

朱大，您好！

能亲自跟您道谢真的很棒，签名时想好好多说一些，但感觉会太恶心，哦不 —— 是太温馨。想简单跟您说，我在梦想之路上只是摸到了一点边，即使这样，我还是要郑重地向您说声：“谢谢！”

如果没有在YouTube看到Randy Pausch的翻译影片，真的不会有现在的我。七年前的我是宜兰高级商业职业学校资料处理科的一个学生，我喜欢设计，但在高中我无法去念“复兴美工”，因为家里状况不允许。(顺便一提，宜兰没有设计系的相关学校。)

今晚演讲上你说，高中生面临专业的选择，但，有一群职业学校的学生，被迫一进高中就分类定生死，然后就可能误入歧途傻傻念三年，继续胡乱考了莫名其妙的科技大学之后，再浪费四年。说实在的，很少有人关心技职体系的那一群学生，令人愤慨的事太多。而台湾的教育体制、社会认知更不用再说了！

总之，话题转回来。我，高三那一年重读专业科目，只因为我看完了 Randy Pausch 的演讲，没错！我当下就决定跨考类别填报名表，迎面而来就是一场家庭风暴。我最后说了一句："我不想将来后悔，后悔我没坚持这个决定。"之后，我真的很努力地证明我的选择。我想即使失败了也会很过瘾，因为第一次为自己的人生决定方向的感觉很好，而努力去证明的那段时间和过程很宝贵。中途偶有小插曲，但当时我真的相信：**"那道墙是阻挡那些不够热爱的人的！"**

而我，不是。

跳过曲折离奇地考上"国立台中技术学院"（现为"国立台中科技大学"）室内设计系的那段故事。当终于接触到梦想的冰山一角时，才发现人生真的不是那么简单。大学四年的考验多得让我措手不及……多次怀疑自己的选择，失败跌倒再失败，因为其实一直没有所谓的成功。有太多的不确定，说实在也没有太多时间去思考，不如拿这些时间好好再试一遍，对吧？因为最惨的结果真的只有失败。

毕业后入业界工作，常常挫折到想哭，但就这样放弃，我真的甘心吗？只有我能决定我要做的事情，责怪别人和社会环境、找借口不外乎真的只是想保护自己。愤怒、悲观，我一直都会，痛骂大环境、骂老板、骂主管、骂客户 …… 但自己想要的的确只能自己决定。

我勇敢地为自己的选择负责，因为这是我的人生。但我常常需要支持给我勇气，因为真的很常失败！很想逃避啊 …… 但不管怎么逃避，最后一定要出来面对的！

如果问我，假如当年没考上学校呢？说实话，我没有认真去想落榜这个问题，等真的失败再说啊！管它的。就是这么不屑一顾 …… 我依然觉得七年前的我超帅气。

之后，2012 年 8 月 10 日，既努力又幸运的我，在公司加完班后的晚上七点四十五分赶到勤美诚品的演讲现场，从人潮中的缝隙张望聆听，只等待 …… 好好跟朱大说一声：谢谢！谢谢您给了我力量去追梦！

我现在任职某公司的小小设计助理，工作两年，毕业入行起薪不到两万二，现在将近翻一倍，虽然还是很少，但还过得去。受您的影响与帮助，七年后的小小成果，我很想把它传达给您，一个曾在台湾某个纯朴的小城市中被鼓励的小女孩，今天很想当面感谢您 …… 虽然我现在还不是很成功，但一直还算努力，希望有一天，我也可以当正面教材去影响别人。

朱学恒回信

亲爱的书宁，您好！

我想说的是，**谢谢你！**

你可能会觉得很奇怪，为什么你写信来说谢谢你，我又要说谢谢你，这感觉不是很像小学的时候说“你比较胖”，然后同学又说“你比较胖”，然后我说“不对，你才比较胖”那样的幼稚吗？

但其实不是的。

你说期待自己有一天成功之后，可以变成教材去影响别人。其实，你已经成功地鼓励别人了。

你鼓励了我。

因为追求梦想固然困难，我们每个人迈出那一步的时候都想要改变世界；但鼓励人们追求梦想却是个比想象中更加艰巨的任务。而且我能获得什么回报呢？~~最多你也不过就是买我几本书或是几件 T 而已！再不然就是在我面前的那个破碗丢几块钱！而我可是花了那么长的时间，砸了几千万啊！（拨算盘）我真要赚钱可以去写猎命师啊！~~

若是用数字算，怎么样都划不来啊！

而且当我在面对那么多的听众时，我根本没有办法分辨道理到底是不是传递出去了。甚至每个人都兴高采烈的看着我时也有可能最后一哄而散，你根本无从分辨他到底只是觉得你的笑话好笑，还是觉得你笨得好笑。

仔细一分析，当你在到处苦口婆心推广追求梦想的可贵和值得敬佩之处时，底下的听众其实只会有两种反应。一种是毫无反应，就只是个听众，回家照样跪求下载资源什么的。一种是真的热血沸腾，决心要浴血往前突击，闯出一片新天新地来的少年少女！

如果听众是前者……那么我投注一切，每一场演讲都提早半个小时至一个小时到，耗费了那么多金钱和时间的努力，不是全都白费了啊！但如果听众是后者……

你我也都知道追求梦想是孤军无援地面对刀山剑海，社会随时会虎视眈眈地想要同化你，那些自己失败的家伙往往会因为自己失败，而奋力想要把你也扯进失败者聚集的大染缸里面，你得要用那未经锻炼的肉身，面对那足以冶炼钢铁的千锤百炼！

而且那从你决定要去追求的梦想那一瞬间就开始了！你会跌倒，你会再爬起来，你会再跌倒，你会再爬起来。但我实在不确定一次又一次的跌倒之后，你是不是能够每一次都再度站起来。

那么我等于是亲手把那纯真甜美的笑容给送上了修罗场啊！

而且从此之后我们就不会再相见了！

因为你要成为海贼王，你总得要出海啊！

而在海上两艘船要碰面的机会实在是很渺茫啊！

所以，像这样写来的瓶中信，就是你还存活，我做的事情有意义的唯一证据啊！

所以，谢谢你。

谢谢你告诉我，你的船还在那惊涛骇浪的风雨中航行。

谢谢你让我知道，我们的牺牲拼搏是有意义的。

谢谢你让我们了解，就算明天我们就粉身碎骨，我们也在这个世界上留下了爪痕！

谢谢你让我们听见，我们之前拼了死命对旷野深谷大喊的灵魂之声，是有渺小微弱的回音的，而且这个回音还答应我们会继续把它传递下去！

“当你想要获得你人生中从未拥有过的事物，你必须尝试你人生中从未经历过的冒险！”

谢谢你让我们知道一切没有白费，谢谢你让我们获得继续走下去的力量，谢谢你让我们知道，我们的确改变了一些事物和一些人。

谢谢你让我们知道你的信念！

谢谢你！

Lucifer

上帝与评审

我在当评审的时候，都会时时反省，自己有什么资格评论别人到底表现是好是坏。因为所有的参赛者都会很努力地付出，有时我们真是觉得差异只有那么小一点，要分出胜负来真是太困难了，所以有些人会觉得，当评审很像是人来执行神的工作。但是，请大家不要真以为评审是神。

所以，我在当评审时，最忌讳听到得奖者讲一句话："我今天能够获胜，都要感谢上帝。"

这并不是因为我与那上帝老儿有什么血海深仇，或者我是那佛门僧兵，专打基督教信徒。任何人都可以有信仰，也都可以在任何场合彰显自己的信仰。但如果你真够白痴，说出这句话，就必须知道这句话有三不当。

一不当是瞧不起自己的队友：相信我，如果你报名的队伍里面，有个人洋名写作 YMVH 或是耶和华，评审应该会注意到的。既然上帝没有参赛，你其他队友也不是跟你皆为基督教信

只有你才能够为自己而战，
当你放弃了这个权利，
你就放弃了专属于你的梦想了！

徒，那你这样一讲，岂不是把队友视作无物？若真是够种，可以叫队友统统回家吃屎，我们再来比一次啊！

二不当是瞧不起自己的竞争对手：其他竞争对手也是辛辛苦苦、正正当当地参加决赛的，你感谢上帝的意思就是其他组不被神恩浩荡所祝福喽？还是说他们都是罪人，根本走不过上帝老儿十字架底下两招？还是说那耶和华祝福有高下之别，在这里就排出了一个名次高低？

三不当就是瞧不起评审：一群人辛辛苦苦坐在台下忍饥憋尿，之前搞了几十个小时，当天又搞了个十几个小时，好不容易评出一个结果来，结果变成那耶和华的恩典？各位真这么相信那耶先生，不如上台前先跟评审声明："我们相信上帝的荣光必能彰显，所以我们完全没有准备，也请你们全部给我们打零分。"我们评审也十分乐意在你们报告和比赛的时候，集体去吃便当和上厕所，让那上帝老儿来帮你们打分数吧。

如果这样你还能够最后上台致辞感谢上帝，那么就真是有种超越自然定律的恶势力，这么棒的教义也让我参加上一脚吧！

嘿嘿，你看到这里，可能以为整篇文章只不过是在讲我对评审工作的抱怨，其实不是。

我讲的还是梦想。

我的看法很简单：不管是找寻梦想，或是实践梦想，都是你自己的责任，绝对不可以牵涉到别人身上！

即使对方是神也一样！

我看过太多自怨自艾，抱怨环境不允许，家人不支持，上帝不帮忙的人；但仔细想想，认真看一看他们的现况，这一切全都是他们自己做的决定啊！

是你决定要对现实退让，是你听家人的安排，是你决定选校不选系硬是挑了一个不感兴趣的科系去读，是你决定选择过着安稳的生活，是你决定选择比较赚钱的工作，是你决定忍气吞声忘记自己原来的初衷……

是·你自己·决定·放弃梦想！

这一切的一切都是你自己决定的！不是上帝逼你，不是佛祖压你，更不是安拉强迫你！是你自己的自由意志决定的！

放弃梦想，做出决定的全都是你！不要再怪别人了！

如果你永远只是把责任推到别人（或者是上帝）身上，你永远也不会找到你自己的梦想的，因为除了你自己之外，别人是没有义务、资格为你而战的！

只有你才能够为自己而战，当你放弃了这个权利，你就放弃了专属于你的梦想了！

那些伟大的人们哪

最近网络上流传着一段文字，警醒人们不要一味沉迷于阅读那些伟人传记。

如果只是梦想自己也可以复制这些人的成功经验，那根本是毫无意义的，因为里面的内容往往是经过删减和隐去某些不够戏剧化的内容的。

比尔·盖茨的书没强调母亲是IBM董事，是她促成儿子第一笔定单，巴菲特的书写他八岁就知道去参观纽交所，但没说是他国会议员的父亲带他去的，而且是高盛的董事接待的。

但其实这段话也是错的。比尔·盖茨的母亲Mary Maxwell Gates并不是IBM董事，她只是和当时的IBM董事长John Opel同属一个慈善机构的董事会，但她的确将他儿子创办的微软介绍了给 IBM。

而巴菲特的众议员爸爸是在他十岁的时候，以生日礼物的方式送他去华尔街参观的。

不过，我觉得真正重要的事情不是那段话是否正确，而是你有没有因此而停下来，重新反省你对自己人生的看法。

没错，这些人的确非常伟大，但我们不需要跟他们一样伟大。我们必须跟他们不一样，才有可能伟大。

你永远也不会成为郭台铭[①]、张忠谋[②]、比尔·盖茨和巴菲特。因为他们只有出生在那个特定的位置，努力在那个历史的瞬间，才会成为郭台铭、张忠谋、比尔·盖茨和巴菲特。

即使你跟他们拥有同样的能力，你也已经晚出生了三四十年。就算你有通天之能，要追上他们也犹如撼山之难；更别提**在所有的历史中，从来没有复制品打败原版创作的记录。**

所以，如果你真的够理解自己，面对这些伟大的人物，你应该做的，能够做的，绝对不是盲目地去相信和追随这些人，伟大的人物从来不缺乏盲信者和追随者。

他们对你的真正意义，在于去挑战、去质疑他们，反思他们的每一个所作所为，让他们犯过的错误你不会再犯，让他们替你缴学费，让他们的人生经验成为你可以不用重复经历的部分。

① 郭台铭，台湾著名企业家，1985 年创立富士康品牌。

② 张忠谋，台湾积体电路制造股份公司创始人，现任台积电董事长，有“芯片大王”、台湾“半导体教父”之称。

“而你的伟大之处，
正是因为在截然不同的环境中，
做出截然不同的选择，获得了截然不同的战果
与更超凡出众的伟大。”

然后，在你经历过重重努力和截然不同的人生之后，你才有可能成为超越张忠谋、超越郭台铭的伟大人物；而你的伟大之处，正是因为在截然不同的环境中，做出截然不同的选择，获得了截然不同的战果与更超凡出众的伟大。

最后，我从来不认为这个社会出现另一个张忠谋和郭台铭，是值得骄傲的一件事情。如果一个社会过了四十年，却无法出现超越前贤先辈的厉害人物，不是一件很可悲的事情吗？

而我相信，让下一个世代彻彻底底地领先、超越、击垮我们，创造出属于他们自己的传说，这才是我们这一个世代的人们存在的最重要目的啊！

失落的感觉

我看过主计处公布的一份数据，数据描述的是台湾这些辛苦的薪水阶级所拿到的薪水的变化。

根据《苹果日报》的一篇报导：

> 主计处昨天公布第一季受雇员工经常性月薪为36479元，仍比金融海啸前、2008年同期略低76元。计入物价后，实质薪资只剩34391元，收入水平仅和十一年前相当。

简单地说，考虑到上涨的物价之后，2001年台湾平均工薪阶级拿到的薪水，大概跟当年大家以为世界会毁灭的2000年差不多。(苦中作乐：但没想到2012年又要世界末日了吧，哈哈！)

我不知道现在看这本书的读者，能够想象这对于我们这一群"七零后"是什么样的感受吗？

那是一种经过十年之后，一切仿佛重新开始的感觉。

2011年，"七零后"的头今年正

好四十岁。如果是男性，加上当兵，人社会的时间差不多就在 2000 年之前，也就是大概在人社会的初期还有曾经历过台湾的荣景。我当年本科毕业准备进人社会的时候，一般起薪大概是大学毕业三万二新台币，研究所毕业三万五，表现好的话大概一年左右会调薪，我的第一个工作半年之后我就跟老板谈加薪百分之十。（不过后来我就离职了，可能是太过心急的报应吧！）

于是我们经过了一段过得还蛮爽的时间，然后就开始进人了黄梁一梦的人生了。十年之中大家结婚、生子、买房。

然后发现台湾的平均实质薪资只剩 34391 元。我不知道其他人怎么样，但我的同学们都觉得毕业之后所面对的社会，跟当初在学校的期待，和当初“五零后”、“六零后”承诺和描绘的人生相差太大了。

就以演讲的费用来说好了。十年前我去演讲的时候，大概演讲者最高可以给到一小时一千六百块，两个小时就是三千二，如果有交通费产生就是实报实销。（但是某大学有个很特别的规定，距离三十公里之内不提供交通费：当年我看到的时候，差点想要前一天出发走到该校去，可惜壮志未酬……）

十年以前的一千六百块我已经觉得很少，即使是办活动都不容易请到愿意参与的演讲者，往往要从其他名目东拼西凑来让演讲者不会饿死。

没想到，十年之后演讲费还是依“国科会”及“教育部”

规定，一千六百元。

这对我们来说是不是有一种黄梁一梦的感觉？

更别提以鸡排来换算，十年前一个鸡排 35 元，一小时的演讲可以买到 45.714 个鸡排，现在士林的豪大大鸡排一块 55 元，一小时的演讲只能够买到 29.09 个鸡排；也就是说，同样演讲一个小时之后，演讲者能够获得的鸡排的幸福感减少了 16.624 个。

各位乡亲啊！这样一算下来，过去十年不但好像一场梦一样，而且最妙的地方是在于你的鸡排的幸福感还在不停地急速下降啊！

同样的演讲费，能够买到的东西越来越少，我相信极度乐观派的读者这下就没话讲了吧，你不能说我们这些到处演讲的人不争气，是学校依据“教育部”和“国科会”的规定，就是只能出这样的钱啊！

至于什么尊重人才，什么软实力这类鬼话你就不用信了，十年都不涨的公定演讲费，哪能培养什么软实力，演讲者讲完腿都软了吧！

为什么我们只不过是长大了几岁，
却忘了自己当年规划梦想，
朝着那些生涩可爱的梦想迈进时
有多么认真？

人生哪！_

应该有不少人知道我自掏腰包到处去各高中演讲，所以某种程度上我应该算是全台湾最常接到高中生信的“大人”，当然，搞不好“教育部”部长比我更常接到检举之类的信函，这就不用说了。

不久前我收到一个高中女生的信。

她告诉我她从小就想要去好莱坞演戏，所以很努力地加强自己的语言能力，一直一直朝向这个目标在迈进。

等等，我知道你脸上已经露出了笑容，想说这真是不可能。果然是个小高中生。

是啊，她的来信里面也提到，最近觉得越来越受挫，不知道是不是该继续下去。她觉得自己已经努力了这么久，真的值得吗？所以她希望我能够给她一个答案，让她知道自己是不是应该继续下去。

这封信我一直没有办法简单地回答。但是我不禁想问刚刚跟我一样不小心笑出来的读者。

为什么你我都变成一个会嘲笑年轻人梦想的大人了呢？以前我们小的时候，不也都是随便乱做过很多梦吗？但是那个时候有多少梦想留了下来呢？我们现在每一次遇到年轻、生涩的梦想，为什么第一个反应会变成是哈哈大笑？为什么我们只不过是长大了几岁，却忘了自己当年规划梦想，朝着那些生涩可笑的梦想迈进时有多么认真？

我高中的时候曾经希望去游戏公司做游戏，因为我那个时候的打工全都是写游戏攻略、评析，所以我想将来如果有一天可以进入游戏公司工作，做着自己喜欢的事情又可以赚钱，那多好啊。

但是后来我人生的道路走向另外一个方向。我还是玩游戏，却没有选择往游戏业迈进。

多年以后，虽然游戏业成为了股王，但我却没有任何后悔。因为我当年有梦想，只是我自己选择转向另一个梦想，所以我并没有遗憾。每一次看到想往游戏界发展的孩子们，我都会觉得他们很勇敢，可以的话我想要给他们多一些鼓励，多一些可能性。

但是，我最近几年见过几个手中掌握资金的创投大老，每个人提到在台湾创业的时候，都纷纷摇头说，如果今天一个新科技、新事业是在台湾开始，他们多半不会考虑投资。但如果这个计划同时考虑大陆市场，他们投资的机率就很高。

如果这个计划是在大陆，他们就算亏钱，也很有可能要投进去。即使之前已经有很多血本无归的状况也是一样。我听过最荒谬的一个例子，是专门给离乡背井当民工的农民用的农民网。连这种烂点子也可以拿到几百万美金资金。

但我在台湾看到很多绝佳的网站创业点子，和充满热情的年轻面孔，意图很努力往前冲的热情少年。我不忍心告诉他们的是，你们的点子就算再好，大概也是拿不到创投基金了。甚至，你毕业之后找不到工作的话，可能连两万两千元薪水都拿不到，"政府"的聪明政策可能让你只能拿到一万七千元。

从什么时候开始，台湾变成了一个嘲笑年轻人梦想，让年轻人梦想无法实现的地方？是你我的责任？还是"政府"的责任？还是大环境的责任？

对了，如果你认识这个叫作大环境的人，请记得帮我问他一下，为什么一切都是他的错？

那些从未享受到民主果实的人们

在我读初中时，课本里面有一篇文章，叫作《与妻书》，它是一个名叫林觉民的年轻人在出发参加革命前夕，写给自己亲爱的妻子和儿子的一封信。

我小的时候，没有谈过恋爱，没有儿子，也没有老师认真地跟我解释这背后的故事；所以这一课对我来说只是毫无意义的文字；我不懂得林觉民牺牲了多少，我也不知道陈意映从此被剥夺了什么样的幸福，我当然更无法想象那再也无法长大的林依新会怎么思索那个极为疼他，但却为了他的未来而离去的爸爸。

等我长大了，等我终于懂了这封信里面的内容之后，这封信因为种种原因已经从课本中被拿掉了。

一百年前，林觉民是知识分子中的知识分子，家境富裕，十四岁的时候就考进全闽大学堂。二十岁的时候就去日本顶尖的庆应大学文学部留学，他通日语、德语和英文。

中国再苦，也苦不到林家。同胞再艰难，林家也不会跟着艰难。有着大好前途、满腹才华的林觉民完全可以置身事外。但他还是选择了不顾自己的家人、妻子和孩子，为同胞付出了最终极的代价。

只为了在那绝望的年代中，以身相殉，以毕生幸福交换，燃亮自己生命的短暂火光，换取那四万万同胞的一线希望。

“吾充吾爱汝之心，助天下人爱其所爱，所以敢先汝而死，不顾汝也。”

等到我长大了，我才知道，林觉民在坐船前往广州的时候，曾经告诉他身边的伙伴说：

> 此举若败，死者必多，定能感动同胞……甚且身死而父母、兄弟、妻子不免冻馁者亦有之。故谓吾辈死而同胞尚不醒者，吾决不信也。嗟乎！使吾同胞一旦尽奋而起，克复神州，重兴祖国，则吾辈虽死之日，犹生之年也。宁有憾哉，宁有憾哉？！

原来，在那一场绝望的广州起义之前，林觉民已经明知自己此去必定无法生还；但他唯一抱持的信念是，自己的牺牲一定会唤醒全国的同胞，就算从此与最亲爱的家人不能相见，**但如果，如果这样能够唤醒同胞，那一切就值得了。**

而这一切也的确真如他所料，起义当天，原本策划的十路敢死队因为广州城门提前关闭，只剩下四路敢死队。

而最后除了黄兴和林觉民参加的这一路敢死队之外，其他的三支队伍全都借故逃避了这场起义。

1911 年 4 月 27 日下午，这批明知必死的青年还是在下午五点半，在手臂上绑着白布条，穿着黑胶鞋冲入了总督府，然后，也跟着永远地走入了历史。

跟着黄兴一起从越华路小东营 5 号出发的一百二十余名敢死队，在烧毁了两广总督府之后，接着被围困在广州城中。

敢死队仅有一百二十余人，但广州城内的清军有十二万人，他们面对一千倍以上的敌人，巷战至深夜。最后，五十五人当场战死，三十一人被捕就义，连为他们冒险收尸的伙伴都只能收到七十二具的尸骸。

林觉民则是腹部中弹，浑身浴血地被捕。由于他不通广东话，审问时全程用英语与官员对答。当时审问他的幕僚甚至用"面貌如玉，肝肠如铁，心地如雪"来形容他，但，这样的人才当然不能留给革命党，林觉民最后还是被处死了，死时仅有二十五岁。

他挚爱的妻子陈意映怀着身孕，卖掉祖产，辗转奔逃，悄悄地躲到福州光禄坊早题巷。但林觉民的两封遗书，不知经过千山万水多少磨难，还是在几天之后被无声无息地塞进陈意映的门缝。

一个月后，林觉民的爱妻陈意映因为过度悲伤而早产，两年之后哀伤以终，年仅二十二岁；在《与妻书》中托付给妻子的长子林依新也在不久之后病亡，再也没有长大，再也无法被教育成像他爸爸一样的男子汉。

林觉民心心念念，牺牲生命所换来的民主共和并没有庇荫他的家人和妻子；他为了四万万同胞而战死，但他最亲爱的家人却从来没有见过民主共和。

但一百年后的我们看见了。

也许不完美，也许不能让所有人满意，但这是根本没有机会认识我们的林觉民遗留给我们的唯一礼物。

也许林觉民知道自己终将被遗忘，但这并没有阻止他把自己的一切都送给一百年后的我们。

一百年后的我，永远也没有机会见到林觉民，但我希望用我擅长的方式感谢林觉民，也许我能够用我的方式，把林觉民的故事告诉下一代的年轻人。

这几年来，我找到了一些视频，收集了一些资料，编成了一段小小的课程；虽然我的儿子朱小胖长大的时候，再也不会在课本上看到一百年前林觉民的故事，但我可以讲给他听，如果有机会的话，我也可以把他的故事讲给很多很多人听。

因为这是我们亏欠林觉民的，虽然他一点也没有要求我们回报。

但是，我们至少应该让人们不要忘记林觉民，至少应该让我们的年轻人明白林觉民的努力和牺牲，年轻人崇拜切·格瓦拉，也应该要一样崇拜林觉民啊……

几年之后，当朱小胖再大一点的时候，我会推着他的脚踏车，在傍晚的公园里面跟他这样说：

“朱小胖呀，我们今年能够在这里幸福自在地骑脚踏车，都要感谢一百多年前一个非常叛逆的少年，他叫作林觉民。

你以前可能没听过他的名字，但他不只长得跟你爸差不多帅，而且他十三岁第一次去考科举的时候，在纸上写了‘少年不望万户侯’七个大字就掷笔而去，你说他是不是很叛逆啊？

然后啊，我跟你说哦……”

“吾充吾爱汝之心，助天下人爱其所爱，所以敢先汝而死，不顾汝也。”

附录

照社会给的规则玩，你就输定了！

（原刊载于《财讯双周刊》，由记者纪淑芳采访撰文）

社会经济结构发展到一定程度，许多人大叹翻身无望，“七零后宅神”朱学恒甚至语出惊人说：“我们恐怕只有诉诸革命才有办法改变……”现况当真这么糟糕？年轻人如何翻身？

当年因为翻译《魔戒》，朱学恒在他二十七八岁时，赚进了三千七百万元的版税。他把版税拿出来，成立了奇幻文化艺术基金会，推广他热爱的奇幻文学，并投身麻省理工学院开放课程的中译计划，推动知识推广及分享。多年来，他自己贴钱租用大型投影设备巡回高中、大学演讲，又因为他经常在网络发表文章替宅男发声，而被网友封为“宅神”。

这位从小沉迷电动、大学念了五年的年轻人，选择“离经叛道”，却连续荣获“总统文化奖”青年创意奖、“中央”大学杰出校友，还曾经登上《纽约时报》，成为“七零后”的“成功代表”、“意见领袖”。尽管今年六月之前，这位“公益宅男”还差一点付不出房租，他仍坚信“我很难死的”。

朱学恒怎么看现代人的贫穷感焦虑症？不同世代的机会与挑战，又是什么？以下是他的口述纪要：

现在的社会就像一个大的流沙陷阱，你照着它给你的规则玩，它就把你愈拖愈深，然后你就输定了。

传统的观念告诉你要赶快买房子定下来，当你买了之后，你就变成房奴，不仅财产贫穷，连心灵上的自由都失去了，你不敢跟老板互骂，因为怕被开除；

你不敢出来创业，因为不知道可以撑多久。即使你先前薪水很高，随便来一个无薪假，你就觉得世界末日了。买了一间房子之后，等于是把所有自由都交出去了，连反抗的能力都没有。

“五零后”演《浴血任务》：

郭台铭不让下一个郭台铭出现！

我觉得现在的年轻人如果真的想通的话，就是租房子啊，在大家心灵跟财产都陷入贫穷的状态下，“自由”是你最后可以选择的堡垒。

我先前写了一篇文章叫《二零一一年：黑暗时代》，准备要采访一系列年轻人，探讨即将迈入四十岁的“七零后”，到底是不是接班了？但你仔细想想，如果要找“七零后”里的代表人物，除了演艺圈跟企业家第二代之外，还有谁？

如果今天像我这样一个离经叛道的人，变成意见领袖，表示这个社会背叛了当初遵照传统价值的那一群人，那些比我更努力、读名校、投身他们觉得有前途企业的那些人，统统都消失了。换句话说，当年他们进入社会时被承诺的未来及可能性，并没有发生。

早我四届的学长进科学园区的时候，觉得一定会赚大钱，肝都烧坏了也 OK；现在的状况是，你进科学园区想赚大钱，得要确保一整年都能熬夜操劳，年终抽奖时，人一定要在现场，否则可能什么都没有了。“七零后”处于不上不下的阶段，要往上爬，得上面的人同意，要带下面的人，得下面的人肯配合，结果什么都做不到，卡在中间，导致的结果是，“七零后”的机会就是比较少。

你说要靠跨界联姻来改变社会地位吗？不可能啊，你看过去五到十年内，有没有十分之一的贵族是跟非贵族结婚？你说现在的“七零后”有没有可能出现下一个郭台铭呢？答案是已经不会，也不可能了，因为假设你是一家新创公司，做的产业跟郭董有点连结，他的四百个法务大军，会控告你这边侵权、那边侵权，再不然就把你财产假扣押，让你没法出货，是郭台铭不让下一个郭台铭出现。

台湾现在的状况跟电影《浴血任务》一样，我们看到一堆老肌肉重新出来演动作电影，就像某杂志封面标题写着“张忠谋的第三春”，他如果有第三春，那年轻人就不会有第一春了嘛。几乎所有台湾上得了台面的大企业，除了施振荣[①]、许文龙[②]之外，全部接班失败，这多惊人！你说年轻人能不能改变贫穷或不能接班的命运？是可以啊，但是这些老头都回来演《浴血任务》，不让你出头啊！

---

① 施振荣，台湾著名企业家，宏基集团创始人。

② 许文龙，全球最大 ABS 树脂制造商——台湾奇美集团创始人。

“七零后”要反抗：

自己定义新规则，为自己快乐而做

其实，我们看到的每个单一问题，好像都没那么严重，例如房价飙涨、薪水降低、金融风暴、分红配股制度化、少子化、想创业却拿不到创投资金、全台湾的人都开始想当公务员……但是，当我们把所有单一事件综合起来，会发现这是个全面性的大灾难，集结在一起要爆发！因为少子化，当老师的也要没工作了；想要创业，就只能卖鸡排……当我们得要比以前的人厉害一百倍，才能够有同样成就的时候，就是问题所在，你没办法翻身啊！

当那些真正有能力、却没有任何血统背景的年轻人都消失了，等于整个世代的生物多样性消失掉了。这些人的消失，就是整个社会的贫穷，因为我们的人才变得单一化了。这就是为什么我会说，以现在的状况，如果你照着社会给你的规则玩，你就输定了。

但是，你要与规则对抗，就得要自己定义新的规则。我是一个离经叛道的人，我做的所有事情都是违背传统价值观的，翻译、打电动、成立基金会、办奇幻文学奖、成立开放课程，都被认为不会赚钱也不会成功，对我来讲，我所做的事情从来不是为了成功而做，而是为了先满足我自己的需求而做——也就是我做这件事情到底快不快乐。就像当初翻译《魔戒》，是因为我觉得这书真的很棒，一定要去翻。

虽然离经叛道，但我也是做过基本功的人，毕竟如果没有坚强的实力，要怎么跟规则对抗？我在电机系毕业前，已经是杂志特约编辑，翻译过十几套中文化游戏、超过一百本的游戏说明手册，以及二十三本奇幻小说，所以我当初要去翻译《魔戒》，还跟出版社提出若没卖到一万本不收钱，是因为之前我已经翻译了大概三百万字，所以我知道我有实力可以去打破这个规则。

“八零后”、“九零后”走出去：
我们被困在狭小基地，永远没有机会

至于“八零后”和“九零后”，他们的环境更比不上我们当年，所以我现在到处演讲，通过心灵工程，支持他们的梦想。当机会和环境一代不如一代，当环境变得这么烂的时候，如果你不给新世代更多的信任，鼓励他们走不同的道路，他们要怎样闯出新的可能性？如果你还把他们推向以前那条道路，就没救啦。旅鼠会一只一只跳到海里，是因为第一只很蠢，如果每只旅鼠都没有能力分辨前一只是错的，只会一只只跟着跳到海里。

我会建议“八零后”和“九零后”，不要留在台湾，往外走，走到你可以发挥的地方。台湾本来就是一个海盗和移民之乡，我们最厉害的就是四处流亡，但是依旧可以拥有强悍的生命力，如果我们被困在狭小基地，那永远没有机会，更何况狭小基地的资源早就被开发光了。大崩坏时代之后，接下来的是大航海时代，如果你没意识到现在是大航海时代，还留在原地，那才是真正的危机。

对“八零后”和“九零后”来说，接下来会是一场很激烈的战争，一场跟社会传统规则及既得利益者的战争，你的敌人随时内化在社会各个地方，不停地变换不同寄生的对象，在那里唱衰你的梦想，所以要拼命，打不赢就完蛋了。你甚至不应该为了证明给他们看，才觉得该做出一些成就来，你应该以自己内心的满足为优先，换句话说，绝不可以把判断人生幸不幸福的权力交到其他人手上！